어서 와!
한국은
이런곳이야!

Welcome!
Let Me Show You the Korean Way!

프롤로그
PROLOGUE

안녕하십니까!
Hello!

반갑습니다!
Nice to meet you!

한국인들은 여러분을 환영합니다!
Welcome to Korea!

여러분들이 한국의 문화와 사람들이 익숙하지 않듯이 한국 사람들도 여러분의 외모와 다른 언어로 인하여 표정과 표현이 다소 어색하지만, 여러분을 진심으로 환영합니다!
You're not used to Korean culture and Korean people. So are they! Koreans may not be used to how you look and the languages you speak. But it's true that they welcome you with all their heart!

유학생으로 또는 취업근로자로 한국에 와서 살아가는 여러분은 한 가족입니다!
Whether you've come to Korea for study or work, we're all family!

처음에는 모든 게 낯설고 어색하지만, 한국의 역사와 문화 그리고 한국 사람들의 생활상을 이해하면 한국에서 보다 편안하고 즐겁게 지내며 여러분의 꿈을 이룰 수 있을 것입니다.
You may find everything strange and awkward at first. But understanding Korean history, culture, and how Koreans live will help you settle in and make your dreams come true.

과거 한국 사람들도 어려웠던 시절 독일과 사우디아라비아 등 여러 나라의 건설산업 현장 근로자와 광부로, 간호사로 일하며 돈을 벌었던 시절이 있었습니다.

In the past, Koreans, too, went to Germany, Saudi Arabia, and many other countries to work as construction workers, miners, and nurses to make money.

더 나은 삶을 위한 자기발전도 있었지만, 그보다도 고국에 있는 가족의 생계와 형제자매들의 교육까지도 책임져야 했던 자기희생이기도 했습니다.

On the one hand, they wanted to find a better life. But on the other side they did it to feed their families and help their siblings go to school in their home country.

그러한 값진 희생이 개인을 넘어 국가발전에까지 이바지할 수 있어 한강의 기적이라고 불리는 현재의 한국이 되었습니다.
어느 나라 보다 여러분의 어려움을 이해하고 도움을 줄 수 있는 곳이 한국이며 한국인일 것입니다.

Their sacrifice did not just help their families. It also contributed to national development to reach where Korea stands today, what people call the Miracle on the Han River.
Koreans relate to your challenges better than anyone else, and they are more than happy to help you.

국가와 인종의 벽을 넘어 서로가 돕는다면, 이루고자 하는 목적과 함께 건강하고 행복한 미래를 만들 수 있습니다.
We should help each other without boundaries of nations and peoples. We can reach our goals and make a healthier and happier tomorrow.

그러기 위해서는 한국에서 살아가기 위한 법칙과 규칙을 지켜야 하는 의무와 책임이 있습니다.
To do so, you are responsible for keeping the rules about living in Korea.

한국인들과 똑같이 여러분들도 한국의 법과 제도 그리고 행정이 요구하는 규칙을 지켜야 합니다.
As all Koreans do, you should obey Korean laws and systems and follow the government's rules.

일부러 안 하는 게 아니라
알지 못해 못하는 것들이 많을 것입니다. 언어의 경계를 넘어 함께 살아갈 수 있도록 한국 역사와 문화, 예절 등의 학습을 통해 여러분들의 건강하고 행복한 한국 생활을 위해 "어서 와! 한국은 이런 곳이야!"를 준비하였습니다.
You may oftentimes make innocent mistakes. Welcome! Let Me Show You the Korean Way! is your guide to a happy and healthy life in Korea, intended to help you get over the language barrier to live with others in harmony by learning about Korean history, culture, and etiquette.

이 책이 여러분의 한국 생활이 안전하고 건강하며 행복한 꿈을 이루는 데 도움이 되기를 바랍니다.
I hope that this booklet will help you stay safe and healthy and achieve your dream in Korea.

여러분
반갑습니다!
그리고
환영합니다!
It's a pleasure to meet you!
And we welcome all of you!

2022년 봄
Spring 2022
서경대학교 글로벌 인재교육원 원장 정희정
Jeong Hee Jeong
Director
Seokyeong University Global Education Center

키워드별 분류
Chapters by Keyword

한국의 역사와 민족 –k역사
History and People of Korea – K-History

한국사람들 –k사람
Korean People – K-People

한국의 자연 –k자연
Nature in Korea – K-Nature

한국에서의 예절 –k예절
Korean Etiquette – K-Etiquette

한국의 문화 –k문화
Korean Culture – K-Culture

목 차
Contents

> **제3장**
> Chapter 3

한국의 문화 [K문화]
Korean Culture [K-Culture]

> 제4장
Chapter 4

한국 사람들 [k사람]
Korean People [K-People]

> **제5장**
Chapter 5

한국에서의 예절 [K예절]
Korean Etiquette [K-Etiquette]

01
Chapter

제1장
한국의 역사와 민족 [K역사]
History and People of Korea [K-History]

어서와!
한국은
이런곳이야!

Welcome!
Let Me Show You the Korean Way!

한국의 국기, 태극기!
Taegeukgi, the National Flag of Korea!

" 태극기는 하얀 바탕에 태극무늬와 4개의 괘가 있으며
국경일을 기념하기 위해서 게양합니다. "

Taegeukgi has the Taegeuk symbol and four trigrams on a white background. We raise the flag on national holidays.

대한민국의 국기인 태극기에는 하얀 바탕 한가운데에 태극무늬와 네 모서리의 건, 곤, 감, 리라고 하는 4괘가 그려져 있습니다. 조선 시대 말, 다른 나라들의 문화를 접하면서 국기의 필요성을 느낀 조선의 외교관이 었던 박영효가 태극기를 만들었습니다.

Taegeukgi is the national flag of Korea. It has the Taegeuk symbol and four trigrams ("gue" in Korean) at the corners – called geon, gon, gam, and yi – on a white background. Taegeukgi was first made by Park Yeong-hyo, a diplomat of Joseon (former name of Korea), in the late Joseon Dynasty when he came across other cultures and felt the need for a national flag.

Tip. 태극기는 국가에 목숨 바쳐 충성한 사람들을 기리는 현충일과 한국이 일본으로부터 독립된 날인 광복절 등 한국의 기념비적인 날에 게양합니다!

Taegeukgi is raised to celebrate important days in Korea, for example Hyeon chungil (Memorial Day) to pay respect to heros who sacrificed themselves to protect their homeland, and Gwangbokjeol (National Liberation Day), the annual celebration of the nation's independence from Japan.

한국을 상징하는 꽃 *무궁화!*
Mugunghwa, the National Flower of Korea!

" **대한민국**을 상징하는 꽃은 무궁화입니다.
애국가에서도 나타나듯 대한민국을 대표하는 꽃입니다. "

Mugunghwa is a symbol of Korea. This symbolic flower also appears in the lyrics of Aegukga, the national anthem of Korea.

법으로 정해진 것은 아니지만 정부부터 국민들까지 무궁화를 대한민국의 상징으로 여기고 있습니다. 무궁화는 '영원히 피고 또 피어서 지지 않는 꽃'의 의미가 있고, 오랜 세월 동안 민족의 국화로써 아픔과 기쁨을 함께 해왔기에 대한민국의 꽃을 떠올리면 누구나 무궁화를 먼저 떠올립니다. 무궁화는 대한민국 민족의 협동심, 인내, 끈기를 상징합니다.

Though not written in a law, Korean people, and even the government see Mugunghwa as a symbol of Korea. Meaning "eternal blossom that never fades," it has long been a flower of deep affection of Korean people, and is one of the things Korean people come up with when they think of their nation. Mugunghwa symbolizes the cooperative spirit, endurance, and patience of Korean people.

Tip. 우리나라 전역에 퍼져있는 무궁화를 주변에서 찾아봅시다!
Mugunghwa blooms everywhere in Korea. Find it from your surroundings!

악법도 법이다!

A Law Is a Law, However Undesirable!

> **대한민국은** 자유민주주의 국가이며 법치국가입니다.

Korea is a free democratic country. It is governed by law.

대한민국은 자유민주주의 국가이며 헌법을 기초로 하는 법치국가입니다. 로마에 가면 로마의 법을 따르듯이 한국에 오면 한국의 법을 따르고 지켜야 합니다. 법은 우리에게 책임과 의무를 주기도 하지만 우리를 지켜준다는 사실도 잊어서는 안됩니다. 한국에서의 원활하게 생활하기 위해서는 꼭 필요한 규칙을 지켜야 합니다. 그 나라만의 고유문화에 대한 수용은 외국인으로서 보다 빠르게 적응할 수 있는 가장 쉬운 방법입니다.

Korea is a free democratic country. It is governed by law based on the Constitution of Korea. As people say "when in Rome do as the Romans do," you follow and comply with the laws of Korea when you are in Korea. Do not forget that we have duties and responsibilities under the laws, but at the same time the laws give us protection. Following these basic rules will make your life in Korea easier. Accepting the culture is the easiest way to settle in a foreign land.

Tip. 한국에서 생활하기 위한 법과 규칙을 이해하고 잘 지키기!

Get on to and follow the laws and rules in Korea!

한국의 국경일!
National Holidays in Korea!

> **"한국 역사에서 중요한 날을 기념하기 위해 법으로 정한 날입니다. 대부분 쉬는 날입니다. 기념행사를 하고 태극기를 달며 국경일을 기념합니다."**

Korean laws set important days in the nation's history as national holidays. Most of the national holidays are legal holidays. We have commemorative events and raise Taegeukgi to celebrate national holidays

한국에는 삼일절, 제헌절, 광복절, 개천절, 한글날 등의 국경일이 있습니다. 삼일절은 일제강점기 때 온 민족이 대한 독립 만세를 외치며 행진했던 날이며 제헌절은 대한민국의 헌법이 공포된 날입니다. 광복절은 한국이 일본으로부터 독립된 날이며 개천절은 한국 민족의 첫 번째 국가였던 고조선의 건국을 기념하는 날이고 한글날은 한글을 만든 것을 기념하는 날입니다.

National holidays in Korea include Samiljeol (Independence Movement Day), Jeheonjeol (Constitution Day), Gwangbokjeol (National Liberation Day), Gaecheonjeol (National Foundation Day), and Hangeulnal (Hangeul Proclamation Day). On Samiljeol, we commemorate Korean people's march for the nation's independence during the Japanese colonial period. On Jeheonjeol, we celebrate the proclamation of the Constitution. Gwangbokjeol is celebrated in commemoration of the nation's independence from Japan. Gaecheonjeol is when we celebrate the establishment of Gojoseon, the first nation of Korean people, and Hangeulnal is a national commemorative day celebrating the invention of Hangeul, the Korean alphabet.

....

Tip. 공휴일에 쉬면서 그날이 한국의 어떤 중요한 역사를 기념하는 날인지 떠올려 보세요!
On a public holiday, think about the historic moment for Korea on that day!

현충일!
Memorial Day!

" 현충일은 대한민국 광복과 국토방위를 위해 싸우다 돌아가신 순국선열과 전몰장병들의 영령을 추모하기 위해 정한 기념일입니다. "

Known as Hyeonchungil, the Memorial Day is a national commemorative day when we pay tribute to the patriots and the fallen heroes who sacrificed themselves for the nation's independence and to protect their homeland.

대한민국은 1948년 8월 정부를 수립하고 약 2년 후 1950년 6.25 전쟁을 겪었습니다. 이때 25만 명 이상의 국군이 사망하였고 정부는 1956년 대통령령으로 6월 6일을 현충일로 정하고 추모 행사를 갖도록 하였습니다.

The Republic of Korean government was officially established in August 1948. And in less than two years, the Korean War broke out in 1950. More than 250,000 Korean soldiers died during the war. The government, by the president's ordinance, set June 6 as the Memorial Day in 1956 to honor them.

Tip. 해마다 6월 6일 오전 10시 정각에 사이렌 소리와 함께 전 국민은 1분간 경건히 묵념을 합니다.

On June 6 at 10 am, a siren sounds for one minute, and all people pay a silent tribute.

세종대왕과 훈민정음!
King Sejong and Hunminjeongeum!

> **세종대왕은** 집현전 학자들과 함께 힘을 모아
> 훈민정음이라는 새로운 문자를 만들었습니다.

**King Sejong and the scholars of Jiphyeonjeon
created a new script called Hunminjeongeum.**

조선시대, 세종대왕은 백성들이 어려운 한자 대신 쉬운 글자를 배울 수 있도록, 훈민정음이라는 새로운 문자를 만들었습니다. 훈민정음은 '백성을 가르치는 바른 소리'라는 뜻을 가지고 있습니다. 또한 훈민정음은 발명한 사람을 알 수 있는 유일한 문자입니다. 훈민정음은 여러 과정을 거쳐 지금의 한글이 되었습니다.

In the Joseon Dynasty, King Sejong created Hunminjeongeum, a new script for the Korean language, so that the common people could easily read and write without using hard-to-learn Hanja (Chinese characters). Hunminjeongeum means 'the right sound that enlightens the people.' Hunminjeongeum is the only script in the world whose inventor is known. It went through many steps to become Hangeul we use today.

Tip. 광화문 광장에 세워져 있는 세종대왕의 동상을 찾아가 봅시다.

Why don't you go find the statue of King Sejong in Gwanghwamun Plaza?

백의민족!
People of White Clothes!

" 백의민족은 하얀색 옷을 즐겨 입은
한민족에게 붙여진 별칭입니다. **"**

Korean people loved wearing white clothes,
so they were nicknamed Baekeui Minjok.

한국에서 하얀색은 예로부터 빛과 태양을 상징하는 색입니다. 한민족은 평소 하얀색의 정갈한 한복을 즐겨 입었고, 이에 백의민족이라는 별칭이 붙여졌습니다. 한민족은 하얀색의 한복을 언제나 청결하게 유지하였으며, 검소한 옷차림을 중요하게 생각했습니다.

In Korean culture, white symbolizes light and the Sun. Korean people loved wearing clean white Hanbok, and for this reason they were nicknamed "Baekeui Minjok," or people of white clothes. They kept their clothes clean and white at all times and valued being simply dressed.

Tip. 검소한 하얀색일 때 더 아름다운 한복의 미를 알아봅시다.

The beauty of Hanbok is most appreciated in its humble white color.

충효사상!
Loyalty and Filial Duty!

한국사람들은 나라를 사랑하고 부모님을 존경하는
충효사상이 강한 사람들입니다.

Korean people are loyal to their country and value serving
their parents with devotion.

다른 나라들도 그렇지만 한국은 국민들이 나라에 충성하고 부모님과 어르신들을 존경하며 모시는 충효사상이 뿌리 깊게 자리한 나라입니다. 나라가 전쟁과 여러 위기에 처했을 때 국민들이 자발적으로 앞장서는 일례들은 역사에 잘 기록되어 있습니다.

As with many other countries and peoples, Koreans boast a long tradition and history of loyalty and filial duty. The nation's history tells us that Korean people would step out to protect their country from wars and crises.

Tip. 한국의 역사와 문화를 제대로 이해하며 공감하기!

Learn and empathize with Korean culture and history in the right way!

일제강점기와 해방!
Japanese Occupation and Independence!

> ## 일제강점기는 조선이 일본 제국의
> ## 식민지였던 시대를 나타냅니다.

During the Japanese colonial period,
Joseon was occupied by the Japanese Empire.

일제강점기는 조선이 일본 제국의 식민지였던 시대를 의미합니다. 많은 독립운동가와 백성들이 조선의 독립을 위해 하나로 단합하고, 끝까지 맞서 싸웠습니다. 1945년 8월 15일은 제2차 세계대전이 끝나고 일제의 식민 지 배로부터 벗어나 대한민국으로써의 독립된 날로 광복절이라는 이름으로 매년 기념하고 있습니다.

During the Japanese colonial period, Joseon (former name of Korea) was occupied by the Japanese Empire. Many patriots and people united and fought for the nation's independence. On August 15 1945, the World War II ended, and the Japanese colonization came to an end. We celebrate the nation's independence, Gwangbokjeol, every year.

Tip. 광복절을 기념해서 태극기를 올바르게 게양해 봅시다.

To celebrate Gwangbokjeol, raise Taegeukgi the right way.

유관순과 *3.1 운동!*

Yu Gwan-sun and the March First Independence Movement!

> **유관순은** 일제강점기에
> 3.1 만세 운동을 이끈 독립 운동가입니다. **,,**

*Yu Gwan-sun was a fighter for independence
who led the March First Independence
Movement during the Japanese colonial period.*

일제강점기 때 17세의 어린 나이였던 유관순은 자신의 고향에서 만세 운동을 적극적으로 주도했습니다. 유관순이 주도한 만세 운동은 3월 1일에 시작되었기 때문에 3.1 만세 운동이라고 부릅니다. 그녀는 일경에게 체포된 후에도 감옥에서 다른 운동가들과 함께 만세를 부르다, 19세의 나이로 순국했습니다. 이후 3월 1일은 삼일절이라는 이름으로 유관순과 독립운동가들의 만세 운동을 기념하고 있습니다.

Yu Gwan-sun played a leading role in the independence movement in her hometown at the age of 17. The independence movement led by Yu started on March 1 1919, and that's why it is called the March First Independence Movement. Even after being arrested, she did not stop crying out for the nation's independence in the prison cell until she died there at 19. Called Samiljeol, March 1 is the day when we commemorate independence activist Yu Gwan-sun and the March First Independence Movement.

Tip. 삼일절을 기념해서 태극기를 올바르게 게양해 봅시다.
Celebrate Samiljeol by raising Taegeukgi the right way.

대한민국의 독립일 8.15 광복절!
August 15 – National Liberation Day of Korea!

"8월 15일은 대한민국이 일제의 식민지배에서 독립한 것을 기념하는 날 입니다."

On August 15, we celebrate Korea's independence from Japanese colonial ruling.

1945년 8월 15일 한국은 일본으로부터의 식민 지배에서 벗어났습니다. 이후 1948년 8월 15일에 대한민국 정부가 생겼습니다. 한국은 8월 15일을 광복절로 부르며, 국가기념일로 지정하였습니다. 매년 광복절엔 집에 태극기를 달아 다시 한번 독립의 의미를 되새깁니다.

On August 15 1945, Korea regained independence from Japanese colonial ruling. Later on August 15 1948, the government of the Republic of Korea was officially established. Koreans call August 15 "Gwangbokjeol" and commemorate as a national holiday. They also raise Taegeukgi in their homes on Gwangbokjeol, reminding themselves of what the nation's independence means to them.

Tip. 광복절이 되면 집에 태극기를 달아봅시다.

Why don't you raise Taegeukgi in your own home to celebrate Gwangbokjeol?

한국의 지폐 속 인물들!
Figures in Korean Notes!

" 한국에서 사용하는 지폐는 4종류이며 지폐마다
한국의 역사적인 인물들이 등장합니다. "

There are four notes used in Korea. Each of them
features historical figures of Korea.

한국은 천 원, 오천 원, 만 원, 오만 원권 4종류의 지폐를 사용하고 있습니다. 지폐마다 한국에 큰 영향을 미쳤던 인물들이 등장합니다. 천 원권에는 퇴계 이황, 오천 원권에는 율곡 이이, 만 원권에는 세종대왕, 오만 원권에는 신사임당이 그려져 있습니다. 이황은 조선 시대의 대표적인 학자이며 정치를 그만두고 난 후 교육과 집필에 집중했습니다. 많은 한국인들이 존경하는 세종대왕은 백성을 위한 소리글자인 한글을 만들어 백성들의 생활에 필요한 기술들을 발전시켰습니다.

이이와 신사임당은 모자지간 즉, 어머니와 아들의 관계입니다. 율곡 이이는 조선 시대의 천재 유학자이고, 신사임당은 남자들이 활발하게 활동했던 조선 시대에서도 그림을 그리고 공부를 했던 여성 예술가입니다.

In Korea, there are four types of banknotes – 1,000 won, 5,000 won, 10,000 won, and 50,000 won. Each of them features figures who had important impact on Korean history. A portrait of Toegye Yi Hwang is on the 1,000-won note, Yulgok Yi Yi on the 5,000-won note, King Sejong on the 10,000-won note, and Shin Saimdang on the 50,000-won note.

Yi Hwang was one of the most famous scholars in the Joseon Dynasty. When he resigned from his public office, he focused on teaching and writing. One of the most honorable figures in Korean history, King Sejong created Hangeul, a phonetic script system for the common people, and developed technologies for people's daily lives. Yi Yi was the son of Shin Saimdang. Yulgok Yi Yi was a prominent Confucian scholar in the Joseon Dynasty, and Shin Saimdang was a female artist who painted and studied in the male-dominant Joseon period.

Tip. 한국을 잘 모르는 다른 친구들에게 지폐에 그려진 인물에 대해서 말해주세요!
Tell your friends who are strangers to Korea about the figures on the Korean banknotes!

5.18 광주민주화운동!
May 18 Democratic Uprising!

> 한국에서 5월 18일을 중심으로 군사정권에 항의하고
> 민주주의를 위해 광주 시민들이 진행한 민주화 운동입니다.
> 군대가 시민들을 무력으로 진압하였지만, 이후의 민주화
> 운동에도 큰 영향을 끼친 역사적인 사건입니다.

On May 18 1980, citizens of Gwangju faced up to the military
regime and fought for democracy. The army suppressed them
with armed forces, but there struggle had great impact on
democratic movements afterwards.

1976년 10월 군사정권을 통치하던 박정희 대통령 시해 사건 이후로 군사
정권에 대항하는 신군부 세력의 집권이 가시화되면서 이들을 반대하는 세
력들은 정권에 대항하는 민주화 운동을 시작하였습니다. 서울에서 시작
한 민주화 운동은 전국으로 퍼져나갔고, 광주에서는 5월 초부터 전남대와
조선대학생들의 주도가 시작되었습니다.

신군부에 대항하는 세력들이 전국적으로 퍼지자 1976년 5월 17일 밤 비상
계엄을 통해 반대하는 세력들을 잡아들이기 시작하였습니다. 이에 시민들
과 학생들은 적극적으로 계엄군에게 대항하였고 도심은 순식간에 전쟁터
로 변해갔습니다. 민주주의 향한 열망은 많은 희생을 치렀고, 오늘날까지
도 대한민국의 민주주의에 토대가 된 역사적인 날입니다.

In October 1976, Park Chung-hee, the ruler of the military regime, was
assassinated, and the so-called New Military forces managed to seize
power. Those who were against military rule stood against them and ini-
tiated democratic movements. The democratic movements started in
Seoul and soon became nationwide movements. In Gwangju, students of
Chonnam National University and Chosun University led the movements
in early May. Facing the movements against the New Military forces be-
coming nationwide, they declared emergency martial law on May 17 1980
in the night and started arresting the opposition forces. The citizens and
students resisted the martial law army, and the city turned to a battlefield
all of a sudden. The aspiration for democracy took the sacrifice of many
people's lives. The day marked a historic moment in Korea's democracy.

Tip. 민주화 운동의 중심이었던 광주를 방문해 봅시다!

Visit Gwangju, the center of the democratic movements!

한국의 전통가옥, 한옥!
Hanok – Traditional Korean Housing!

" **한옥은** 돌과 흙으로 만들기 때문에 자연 친화적이며
더위와 추위를 모두 피할 수 있는 과학적인 집입니다. "

Hanok was made from stones and clay. It was nature-friendly and scientifically designed to provide protection from the heat and cold.

한옥은 제일 구하기 쉬운 재료인 돌과 흙으로 지어 자연 친화적입니다. 기둥, 문, 바닥은 나무로 지었으며 벽은 흙과 짚을 섞어 만들었으며 창에는 나무로 만든 종이인 한지를 붙였습니다. 사계절의 다양한 날씨로 인해 추위를 위한 온돌과 더위를 위한 마루가 공존합니다. 부드러운 처마의 곡선과 창으로 은은하게 들어오는 햇빛에서 한국의 단아한 멋을 느낄 수 있습니다.

As nature-friendly housing, Hanok was made from some of the most common materials – stones and clay. The posts, doors, and floors were made from timber, walls from clay mixed with straw, and windows were lined with Hanji, traditional Korean paper made from wood pulps. Given the diverse climate conditions in the four seasons, it had the ondol floor heating system and a wood floor for hot summer days. The gentle curves in the eaves and softened sunlight coming through the windows symbolized the elegance of the Korean housing.

Tip. 한옥의 아름다움을 보고 느끼고 싶다면 한옥마을이나 궁을 가보는 것을 추천합니다.
If you want to appreciate the beauty of Hanok, visit a Hanok village or a palace near you.

한국의 *서원문화!*
Seowon Culture in Korea!

" **서원은** 조선시대 교육기관으로, 당시 학생들은 이곳에 모여 학문 연구와 교육뿐만 아니라 조상에게 제사를 지내기도 했습니다. "

Seowon was an educational institution in the Joseon Dynasty. It served as a place to teach, study, research, and even practice ancestral rites.

서원은 옛날 학문인 성리학을 가르치기 위한 조선의 사설 교육기관인 동시에 지방의 자치운영 기구였습니다. 조선 중기 이후부터 학문 연구뿐만 아니라 조상을 기리고, 지방에 근거지를 가진 지식인들이 영향력을 행사하기 위한 곳으로 운영되었습니다. 오늘날에 이르러서는 유지되지 않고 있으며, 축소되어 유적지로 활용되고 있습니다. 2017년 서원 9곳이 유네스코 세계유산에 등재된 한국의 자랑스러운 문화재입니다.

Seowon was a private academic institution in the Joseon Dynasty to teach Neo-Confucianism. It also served as a community self-governing body. From the mid-Joseon period, it was used not only for teaching and research but also for ancestral rites and as a regional hub for intellectuals. Although the system is no longer in operation now, many Seowon academies still remain as historic sites. In 2017, nine Seowon sites were included in the UNESCO World Heritage List.

Tip. 한국의 서원을 방문해 보고 당시 학생들의 공부를 향한 열정을 느껴봅시다!

Visit a Seowon near you and imagine how passionate the students were at that time.

한국의 식목일!
Arbor Day in Korea!

"한국의 매년 4월 5일은 식목일입니다."

In Korea, April 5 is celebrated as Arbor Day.

한국의 매년 4월 5일은 식목일입니다. 자연을 아끼고 보호하며 함께 나무를 심는 날로, 자연에 관련된 다양한 행사가 열립니다. 예전에는 국가 공휴일이었지만, 지금은 공휴일이 아니어서 쉬지 않습니다. 하지만 한국인들은 식목일 날 화분을 사거나, 자연 보호의 뜻을 다시 한 번 되새깁니다.

In Korea, April 5 is celebrated as Arbor Day. On this day, people gather together to plan trees and organize nature-themed various events. Arbor Day used to be a legal holiday, but now it is no longer a public holiday. But Korean still celebrate this day by buying plants and reflecting on what it means for them to protect nature.

Tip. 식목일을 맞이해서 작은 화분을 사고, 정성스럽게 가꿔봅시다.

On Arbor Day, why don't you buy a small plant and take care of it?

5월 5일은 단옷날!
May 5 – Dano Day!

" 단오는 더운 여름을 맞기 전 초하의 계절로 모내기를 끝내고 풍년을 기원하는 기풍제이기도 합니다. "

Dano is an early summer festival, wishing for a good harvest after rice planing.

단오의 '단'자는 처음 곧 첫 번째를 뜻하고, '오'자는 다섯을 뜻하므로 단오는 '초닷새'라는 뜻입니다. 일 년 중에서 가장 양기가 왕성한 날이라 해서 큰 명절로 여겨 왔고 여러가지 행사가 전국적으로 행해집니다.

In the word "Dano," "Dan" means "first," and "O" means "five," so "Dano" means the "first fifth day," The day was considered the fullest of energy in the year, so Korean people celebrate this day as an important holiday when they organize various events across the country.

Tip. 창포를 삶은 물에 머리를 감고 그네뛰기, 씨름 등의 민속놀이를 합니다.

Typical Dano Day activities include washing hair in a sweet-flag bath, swinging, and Ssireum (traditional Korean wrestling).

5월 5일은 어린이날!

May 5 – Children

> **나라마다** 어린이날이 존재하는데 한국은 5월 5일을 어린이날로 정해두고 기념합니다.

Every country has its own children's day. In Korea, May 5 is celebrated as Children's Day.

한국의 어린이날은 1927년 방정환 선생을 포함한 일본 유학생 모임인 색동회가 주축이 되어 5월의 첫 일요일로 정하였습니다. 대한민국 독립 이후로 어린이들에게도 민족정신을 고취하고자 만들었습니다.

어린이날이 되면 아이들은 부모님께 무슨 선물을 받을지 기대하곤 합니다. 또한 아이들은 부모님과 함께 나들이를 가거나 영화를 보러 가거나 외식을 하는 등 가족들이 함께 시간을 보냅니다.

In 1927, Saekdonghoe, a group of people who studied in Japan, led by Bang Jeong-hwan declared the first Sunday of May as Children's Day in Korea. They did so with the aim to inspire children with nationalism after the independence of Korea. On Children's Day, children look for presents from their parents. They go out for a picnic, go to the cinema, or eat out to spend quality time together. Celebrating Children's Day is not just for children, so sometimes even adults receive pocket money from their parents as Children's Day gifts.

Tip. 어린이날이 되면 영화관에서 많은 애니메이션이 개봉하기 때문에 아이들과 영화관을 찾는 경우도 많습니다.

On Children's Day, cinemas are full of all different types of animations, and many people come to the cinema with their children.

5월 8일 어버이날엔 카네이션!

May 8 – Give Your Parents a Carnation on Parents Day!

> **❝ 어버이날**은 부모님에게 낳아 주셔서 감사하다는
> 인사를 하는 날입니다. **❞**
>
> On Parents Day, thank your parents
> for bringing you to this world.

한국은 예로부터 부모에 대한 예를 중시하는 효 사상을 기반으로 전통적인 가족제도를 유지하였습니다. 부모님에게 효를 하는 사람과 훌륭한 어버이를 발굴하여 격려하기 위해 제정한 기념일입니다. 왼쪽 가슴에 붉은 카네이션을 달아 드림으로써 마음을 다한 사랑을 표현하였습니다.

Korea has a long tradition of keeping the family system based on filial piety that values devotion to parents. Parents Day was established to honor and reward exemplary people who are devoted to their parents and exemplary parents. On Parents Day, we put a red carnation on parents' chest as a symbol of our love for them

Tip. 어떤 선물을 드려야 할지 정말 모르겠다면 진심이 담긴 편지 한 장 이어도 충분합니다.

Have no idea what to give your parents? A heartful letter will be more than enough!

한국의 병역 의무!
National Service in Korea!

" 대한민국 성인 남성은 군대에서 국방의 의무를 다해야 합니다. "

Male adults in Korea should do their national service in the army.

대한민국 국적을 가진 만 18세 이상 건강한 남성은 국방의 의무를 다해야 하며, 현역병, 복무요원 등의 형태로 입대하여 군인으로서 일해야 합니다.

한국의 징병제는 6.25 전쟁 이후인 1951년부터 지금까지 계속되고 있습니다.

Korean nationals who are male and 18 or older in age should fulfil the duty of national service, serving as a member of the army or other service personnel. The compulsory military service system was introduced in 1951 after the Korean War and has remained to date.

Tip. 군인들은 단체로 입는 옷인 초록색 군복을 주로 입습니다.

Soldiers can be identified by their green military uniforms.

근로자를 보호하는 한국의 근로기준법!
Labor Standards Act – Protection for Workers!

“한국에서는 일을 할 때의 최소한 보장받아야 하는 기준을 정해 근로자의 기본적인 생활을 보장하는 '근로 기준법'이 있습니다.”

The Labor Standards Act of Korea sets rules for the minimum work standards and guarantees the basic livelihood of workers.

한국에서는 일을 할 때의 조건의 최저 기준을 정해 근로자가 더 열심히 일할 수 있게 하고, 기본적인 생활을 보장할 수 있도록 하는 '근로 기준법'이 있습니다. 이 법은 근로자가 보호받을 수 있도록 하는 것이 목적입니다. 근로 기준법은 일하는 시간, 일하고 받는 돈, 안전을 위한 조건 등을 포함합니다.

The Labor Standards Act of Korea sets rules for the minimum work standards to guarantee workers' basic livelihood and motivate them to work harder. The law aims to ensure that workers are protected. The standards provided by the Labor Standards Act include working hours, wage, and conditions for work safety.

Tip. 한국에서는 일을 시작하기 전, 근로 기준법에 따라 일을 할 수 있도록 '근로 계약서'를 작성합니다.

In Korea, workers sign an employment contract before starting work so that their work conditions meet the requirements in the Labor Standards Act.

붉은 악마의 열기 2002 월드컵!
Fever of the Red Devils - 2002 FIFA World Cup!

" 2002년 월드컵은 대한민국 국민이 하나 되어 길거리 응원을 하며
4강 신화를 이룬 역사적인 스포츠 경기였습니다. "

The 2002 FIFA World Cup was a historic event. All people went out to
street to support the national team that advanced into the semifinals.

2002년 FIFA 월드컵은 5월 31일에서 6월 30일까지 한국과 일본에서 열렸습니다. 17번째 FIFA 월드컵 대회로 아시아에서 열린 첫 월드컵이자 유럽과 아메리카가 아닌 다른 나라에서 열린 첫 대회였으며, 역사상 처음으로 2개의 나라에서 개최된 월드컵이었습니다. 한국의 국가대표 감독을 맡았던 거스 히딩크감독은 온 국민들의 염원이자 목표로 하였던 16강 진출에 성공한 뒤 "나는 아직도 배가 고프다"라는 유명한 어록을 남긴 바 있습니다. 탁월한 리더십과 통찰력으로 선수들의 역량을 최대한 끌어올려 막강한 팀들을 물리치고 4강까지 진출하였습니다. 11명의 선수 외에 전 국민을 하나로 만든 붉은악마는 12번째 선수로서 한국의 4강 신화를 이룰 수 있도록 도왔습니다.

The 2002 FIFA World Cup took place in Korea and Japan from May 31 to June 30. The 17th FIFA World Cup was the first World Cup in Asia and the first World Cup held in a non-Europe, non-American country. It was also the first World Cup co-hosted by two countries. Guus Hiddink, the head coach of the Korean team at that time, brought the team to the round of 16 that was a national aspiration. He left the famous quote: "I'm still hungry." With his excellent leadership and insights, he brought each player's skills and abilities to the highest possible level and defeated many great teams to reach the final four. Behind the 12 players, the Red Devils made all people united as one and played their role as the 13th player that contributed to making the dream come true.

Tip. 태극전사는 태극기를 가슴에 붙이고 경기를 뛴 대한민국 축구 선수단을 의미하며 붉은 악마는 대한민국 응원단의 상징입니다.

The Taegeuk Warriors were the nickname of the Korean national football team who played for the nation with Taegeukgi on their chest. The Red Devil was the symbol of the Korean team supporters.

독일로 일하러 갔던 한국 사람들!
Korean Workers in Germany!

> **1960년대** 한국 사람들은 외화를 벌기 위해 독일로 갔습니다.
>
> In the 1960s, Korean people went to Germany to earn foreign currency.

일자리와 외화를 벌기 위해 수많은 한국인들이 먼 땅 독일로 떠나 남자는 광부로, 여자는 간호사로 일했습니다. 이들이 힘들게 일을 하여 번 돈의 대부분은 다시 한국으로 보내졌고 한국 경제성장에 큰 밑거름이 되었습니다. 성실하고 꿋꿋한 한국인들의 성격은 한국을 빠르게 발전시켰습니다.

Many Koreans went to Germany – a land afar – to find jobs and earn foreign currency. There men worked as miners, and women as nurses. Most of their hard-earned money was sent to Korea, which served as a strong foundation for Korea's economic development. Diligent and unforgiving, Korean people quickly developed their country.

Tip. 한국인들이 보여준 기적처럼 열심히 일하면 그 노력은 우리를 배신하지 않을 것입니다.

Work hard like how Koreans made the miracle happen. Efforts won't lie.

한강!
The Han River

> " 서울의 중심에서 흐르는 한강은 아주 옛날부터 중요한 지역이었습니다. "

Running across Seoul, the Han River was a very important area from long ago.

서울을 가로지르는 한강 근처에는 아주 옛날부터 사람들이 살았습니다. 한강을 통해 서울과 서울 근교까지 물이 공급될 수 있었고 한강은 교통과 상업의 중심지였습니다. 6.25 전쟁 이후 한국인들은 무너진 나라를 다시 일으키기 위해 한강의 흙과 모래로 집을 짓고 한강에 제방을 만들며 성실하게 살았습니다. 한강 근처에는 아파트와 빌딩들, 그리고 차가 다니는 도로와 다리가 지어져 과거의 황폐했던 모습은 찾아볼 수 없게 되었습니다. 사람들은 이를 '한강의 기적'이라고 부릅니다.

The Han River runs across Seoul. People lived on the riverside from long ago. The Han River was the water source for people in Seoul and its surrounding areas, and the river was the hub of transportation and commerce. After the Korean War, Korean people built houses with earth and sand from the Han River and embankments along the river and worked hard to restore the ruined country. Now the Han River area is filled with apartments, buildings, roads, and bridges. Nobody would imagine how it looked like in the past! This is often dubbed as the "Miracle on the Han River."

Tip. 대중교통을 타고 한강공원에 가서 배달 음식을 주문해 먹으며 k-pop 노래를 들어 보세요! 한국문화를 완벽하게 체험할 수 있습니다!

Use the public transport to get to the Hangang Park, have some food delivered, and listen to K-pop songs! A perfect way to experience Korean culture!

빠르게 발전한 한국, '한강의 기적'

The Miracle on the Han River –
Korea's Rapid Development!

"6·25년대 전쟁 이후 한국은 매우 빠르게 발전했습니다."

Korea grew very fast after the Korean War.

한국이 남과 북으로 나뉘어 서로 싸운 1950년 6·25 전쟁 직후, 한국은 매우 가난했습니다. 한국은 성장하기 위해 공장을 만들어 일자리를 늘리고, 도로를 만들어 교통을 편하게 했습니다. 또한 외국에 나가서 전쟁을 도와주거나, 여러분이 우리나라에 온 것처럼 일하기 위해 외국으로 떠나기도 했습니다. 덕분에 우리나라는 빠르게 발전해 지금처럼 큰 나라가 될 수 있었습니다.

Korea had been divided into the South and the North and fought against each other in the Korean War in 1950. When the war ended, Korea was a very poor country. To grow the country, Korean people built factories to make more jobs, and roads to help people travel easier. Also, they sent reinforcements to other countries' war and went to other countries looking for jobs, just as you did. Thanks to these efforts, Korea grew quickly and became a powerhouse.

Tip. 일을 열심히 한다면 여러분의 나라도 더욱 발전할 수 있을 것입니다.

Your hard work will make your country grow faster.

서울의 유산, *조선시대 궁궐들!*

Heritages in Seoul – Palaces in the Joseon Dynasty!

❝한국의 수도인 서울에는 과거 조선시대 왕이 거주하며 정치를 했던 궁궐이 있습니다. 현재 서울에 남아있는 5개의 조선시대 궁궐로는 경복궁, 창덕궁, 창경궁, 덕수궁, 경희궁이 있습니다. **❞**

In Seoul, the capital city of Korea, there are palaces where the kings resided and ruled the country in the Joseon Dynasty. Five palaces in the Joseon Dynasty still remain in Seoul – Gyeongbokgung, Chang deokgung, Changgyeonggung, Deoksugung, and Gyeongheegung.

한국에는 과거 조선시대 왕이 거주하며 정치를 했던 궁궐이 있습니다. 임진왜란을 기준으로 그 이전에는 경복궁·창덕궁·창경궁이, 임진왜란을 기준으로 그 이전에는 경복궁·창덕궁·창경궁이 사용되었으며, 그 이후에는 창덕궁·창경궁·경희궁이 사용되었습니다. 일제강점기때 궁의 93%가 손상되었고 현재 서울에 남아있는 궁궐로는 경복궁, 창덕궁, 창경궁, 덕수궁, 경희궁이 있습니다.

In the Joseon period, the kings resided and ruled the country in palaces. Before the Imjin War, they used Gyeongbokgung, Changdeokgung, and Changgyeonggung Palaces, and after the Imjin War, Changdeokgung, Changgyeonggung, and Gyeongheegung palaces. During the Japanese colonial period, 93% of these palaces were destroyed, and only 7% of them survived. Now there are five palaces in Seoul – Gyeongbokgung, Changdeokgung, Changgyeonggung, Deoksugung, and Gyeongheegung.

Tip. 현재 남아있는 5개의 궁궐은 주로 서울 종로구와 중구에 모여 있습니다. 서울의 중심인 이곳에 방문하게 된다면, 궁궐을 둘러보는 것은 필수일 것입니다.

These five remaining palaces are mostly in Jongno-gu and Jung-gu in Seoul. When you visit downtown Seoul, visiting these palaces is a must-do.

서울 북촌 한옥마을!

Bukchon Hanok Village in Seoul!

> **우리나라** 고유의 형식으로 지은 집인 한옥의 정취를 즐길 수 있는 마을입니다.

Dive into the charming atmosphere of Hanok, traditional Korean housing.

북촌은 역사적으로 왕족, 사대부들이 모여 거주했던 살림터로 현재까지 한옥이 잘 보존되어 있습니다. 한옥의 정취를 즐기며 산책하기 좋고, 도시의 밤을 밝혀주는 야경은 아름다운 건축의 선을 담아내고 있습니다. 북촌 8경은 사진 찍기 좋은 장소인 핫 플레이스로 다양한 체험과 축제들도 있으니 잘 확인하면 좋습니다. 한옥의 화려한 듯하면서 운치 있는 옛 모습을 즐기기 위해 외국인들도 많이 찾고, 한복을 입고 옛날로 돌아간 듯 사진을 찍는 사람들도 많은 관광지입니다.

Bukchon was a village where royal families and nobles lived in the old days, and most of the houses there are Hanok, traditional Korean housing. Take a walk to appreciate the charming atmosphere of Hanok, and find the beauty of the lines drawn by the houses against the nightscape. The eight photogenic spots in Bukchon are called "Bukchon Palgyeong." You do not want to miss various activities and festivals taking place all year around. Many international visitors come to Bukchon to appreciate the splendid but cozy appearance of Hanok, and you will also find many people taking pictures in Hanbok, traditional Korean clothes, as if they were from the old days.

Tip. 관광지이지만 사람들이 아직 거주 중인 공간도 많으니 이동할 때 너무 시끄러우면 안 됩니다.

Bukchon is a tourist destination, but many people still live in the Hanok houses there. Do not raise your voice too much there.

서울대공원!
Seoul Grand Park!

❝ 나들이 명소로서 한국에서 가장 큰 동물원이 있는 공원입니다. **❞**

A famous picnic place and the largest zoo in Korea.

서울대공원은 너무 커서 하루에 모든 동물을 다 보기엔 무리가 있을 정도입니다. 부지가 매우 크고 산지에 있다 보니 리프트를 타고 올라간 후 내려오면서 동물들 구경을 하는 게 좋습니다. 식물원도 같이 조성되어 있고, 어디든 돗자리만 깔면 피크닉을 즐길 수 있습니다. 볼거리도 많아 가족 단위로 많이 찾는 장소입니다.

Seoul Grand Park is a massive park – you will not be able to look around the whole park in one day. The park is located in a hilly area, so the best way to look around the park is to ride on the lift to the top and watch the animals on your way down. There also is a botanic garden, and simply unfold your mat for a picnic moment. There are lots of attractions for families.

Tip. 원하는 위치에 돗자리를 깔고 직접 싸온 도시락을 꺼내 먹는다면 최고의 나들이가 될 것입니다.

Spread a mat wherever you want and unpack your hamper. That's the best way to enjoy your picnic!

계절을 나타내는 24절기!
24 Seasonal Divisions!

"특정 절기에는 음식을 먹거나 축제를 하기도 합니다."

We eat certain dishes or throw a festival on specific seasonal divisions.

태양의 움직임에 따라 1년의 계절을 24절기로 나눈 것입니다. 사계절의 첫 절기는 입춘, 입하, 입추, 입동이라 하며 겨울잠을 자는 개구리가 깨어 나는 경칩이 되면 따뜻한 봄이 왔음을 알게 됩니다. 겨울이 되면 낮 시간 이 가장 짧은 동지에 동그란 새알심을 넣은 팥죽을 쑤어 먹습니다.

The four seasons of a year is divided into 24 seasonal divisions following the movement of the Sun. The first divisions of the four seasons are Ip-chun (onset of spring), Ipdong (onset of summer),Ipchu (onset of fall), and Ipdong (onset of winter). Gyeongchip is the time when the frogs awake from their winter sleep, meaning spring is around the corner. Dongji, or winter solstice, marks the shortest day of the year. Korean people eat patjuk – red bean porridge with round dumplings – on Dongji.

Tip. 달력에 적힌 절기에 따라 계절의 변화를 체감해 보아요.

Find the seasonal divisions in your calendar and feel the seasons change.

보릿고개!
Barley Hump!

" 보릿고개는 지난 해 가을에 수확한 양식이 바닥나고
올해 지은 보리는 미처 여물지 않은 5~6월 식량 사정이
매우 어려운 시기를 말합니다. "

Called Boritgogae in Korean, the barley hump was the bad-off
season in May and June when the food harvested in autumn last
year had ran out and the newly planted barley was yet to be ripe.

과거 한국은 일제 강점기의 식량 수탈과 6.25 전쟁으로 인해 극심한 굶주
림 속에서 살아야 했습니다. 대부분의 농민들은 추수 때 걷은 농작물 가운
데 여러 종류의 비용을 뗀 다음 남은 식량을 가지고 초여름 보리수확 때까지
견뎌야 했습니다. 이때는 대개 풀뿌리나 나무껍질로 끼니를 때웠습니다.

In the past, Korean people were deprived of food during the Japanese co-
lonial period and experienced extreme hunger during the Korean War. Most
farmers had to survive with remains from their autumn harvest after all sorts
of costs until they could finally harvest barley in early summer. During that
time, they often made do with grass roots and tree barks for their meals.

Tip. 근래에 와서는 경제성장과 함께 농민들의 소득이 늘어나고 생활환경도 나아지면서 보릿고개라는 말을
실감하기는 어렵습니다.

As the economy has grown, now farmers earn more and live in better living conditions, so
they won't really relate themselves to the word "barley hump."

02

Chapter

제2장
한국의 자연 –K자연

Nature in Korea – K-Nature

어서 와!
한국은
이런곳이야!

Welcome!
Let Me Show You the Korean Way!

한국의 지형적 특성!
Geography in Korea!

> **"한국은** 세 면이 바다로 둘러싸인 반도 모양으로 한국의 '한'을 붙여 한반도라고 불리기도 합니다. **"**

Korea is located in a peninsula with three sides surrounded by the seas. It is often called 'Hanbando,' meaning 'Korean Peninsula.'

유럽에 있는 이탈리아, 그리스 같은 나라도 우리나라처럼 반도 모양을 한 나라입니다. 우리나라 각 해안은 그 모습이 저마다 다릅니다. 동고서저의 지형으로 바닷가 또한 서쪽은 완만하고 동쪽은 가파릅니다. 이로 인해 서해바다는 바닷물이 드나들 때 생기는 갯벌이 발달되어 있고, 동해바다는 수심이 깊어 해수욕장이 발달되어 있습니다. 남해는 크고 작은 섬들이 많습니다.

Like peninsular states in Europe such as Italy and Greece, Korea, too, is a peninsular state. Coastal areas in Korea vary in shape. High in the east and low in the west, west-coast areas are more gentle and gradual, while the east-coast areas are more steep. For this reason, the western seas have well-developed mud flats, and the eastern seas are deep and have sandy beaches. There are many islands, big and small, in the southern seas.

Tip. 바다가 보고 싶다면 어디로든 몇 시간만 움직이면 충분히 볼 수 있습니다. 하지만 바다에 빠져들고 싶다면 동쪽으로 가는 걸 추천합니다.

Want to go to the sea? It's only few-hour drive from wherever you are. If you want to dive into the sea, the east coast is your go-to place.

한국의 사계절!
Four Seasons in Korea!

" 한국은 사계절의 특성이 뚜렷해서 다채로운 매력을
느낄 수 있는 나라입니다. "

Korea has four distinct seasons, meaning a variety of charm!

한국은 사계절의 특성이 뚜렷해서 다채로운 매력을 느낄 수 있는 나라입니다. 여름에는 기온이 30도 이상으로 올라가며, 사람들은 계곡과 바다로 휴가를 떠납니다. 겨울에는 기온이 –10도 이하로 내려가는 날들이 많으며, 하얀 눈이 쌓인 풍경이 아름답습니다. 봄과 가을에는 꽃놀이와 단풍놀이를 즐기기 좋은 날씨가 이어집니다.

Korea has four distinct seasons, meaning a variety of charm! However, the country has been affected by climate change, leading to longer summer and winter seasons. The temperature goes high above 30 degrees Celsius in summer, and people go on a vacation to valleys and beaches. In winter, the temperature drops down below –10 degrees Celsius, making splendid snowy landscapes. Spring and fall are pleasant seasons, ideal for flower-viewing and trips to view the autumn leaves.

Tip. 한국에는 사계절에 어울리는 다양한 나들이 행사가 개최됩니다. 가족, 친구들과 함께 다양한 나들이 행사를 즐겨 봅시다.
There are many seasonal travel events taking place all-year-round in Korea. Why don't you go out with your family or friends?

한국의 높은 산!
High Mountains in Korea!

"한국의 지형은 산이 많으며 아름다운 산세로
유명한 산들이 많습니다. **"**

Korea is a mountainous country. The country is famous
for many beautiful mountains.

한국의 지형은 산이 많은 지형으로, 유명하고 아름다운 산들이 많습니다. 한국(남한)에서 가장 높은 산으로 꼽히는 3개의 산은, 한라산, 지리산, 설악산 입니다. 한국인들은 계절과 상관없이 자연경관을 즐기고 싶을 때 높은 산을 방문해 등반합니다. 유명한 산일 경우, 하루에 산을 오를 수 있는 사람의 수가 정해져 있으므로, 미리 인터넷으로 예약을 하고 방문하는 것을 추천합니다.

Korea is a mountainous country. The country is famous for many beautiful mountains. The three highest mountains in Korea (South) are Hallasan, Jirisan, and Seoraksan Mountains. Whatever season, Koreans love hiking and climbing mountains to appreciate natural sceneries. Popular mountains may have limited capacities for daily visitors, so you'd better make a booking online in advance.

Tip. 아름다운 자연경관을 보기 위해 주변에 있는 산을 방문해 보세요. 유명한 산이 아니더라도 한국의 산은 모두 아름답습니다.

Go hiking to a mountain near you and enjoy the beautiful landscape. Famous or not, mountains in Korea are all beautiful.

백두산!

Baekdusan Mountain!

"한반도에서 가장 높은 산입니다."

Baekdusan is the highest mountain in the Korean Peninsula.

백두산은 북한과 중국 국경에 위치한 산으로 높이는 해발 2,744m입니다. 백두산은 화산 활동 기록이 있는 활화산이며 꼭대기에는 아시아에서 가장 큰 호수인 천지가 있습니다. 백두산은 한국의 국가인 애국가에도 등장하며, 여러 전설이 담긴 한국 민족의 정신을 대표하는 산입니다.

Located on the border between North Korea and China, Baekdusan is 2,744 m high above the sea level. It is an active volcano with track records of volcanic eruptions. Cheonji on the top of the mountain is the largest lake in Asia. Baekdusan is mentioned in the lyrics of the national anthem (Aegukga) and is a symbol of the spirit of the Korean people.

Tip. 현재는 중국을 통해서 백두산에 오를 수 있습니다.
You can visit Baekdusan from China.

남산!
Namsan Mountain!

> **서울 중앙에 있는 산으로 서울을 둘러싸고 있는 산 중 하나입니다.**

In the heart of Seoul, Namsan is one of the mountains that surround Seoul.

산책로기 잘 조성되이 있고 전망대도 있으머 케이블카를 타고 전망대로 올라갈 수 있습니다. 전망대에는 철망에 자물쇠를 잠글 수 있도록 자물쇠와 열쇠를 함께 판매하는데 사랑의 자물쇠로 불리며 연인들이 사랑을 맹세하고 서로의 사랑을 자물쇠로 굳게 잠그자는 의미를 담고 있습니다. 산꼭대기에서 사방으로 펼쳐진 서울의 모습을 볼 수 있어서 저녁에 여길 찾는다면 아름다운 도심의 야경을 볼 수 있을 것입니다. 이러한 점들 때문에 남산은 연인들의 서울 데이트 필수 코스입니다.

There are well-built walk trails, and you can directly go up to the observatory by riding on the cable car. At the observatory, you will find people selling locks and keys. Many lovers come here, declare their love be eternal, and put the lock securely locked in the wire netting as a sign of eternal love. At the top of the mountain, you can look down at the city in all directions. It is best visited at night to view the beautiful nightscape of Seoul. For these reasons, Namsan is a famous dating course.

Tip. 남산은 돈가스로 유명한 곳이라 바로 근처에 많은 돈가스 음식점들을 볼 수 있을 것입니다.

Namsan is also well known for Donkkassu (port cutlet). There are many Donkkassu places nearby.

신성한 산 '마니산'!

The Holy Mountain – Manisan

"단군왕검이 하늘에 제사를 지내던 참성단이 위치한 신성한 산입니다.**"**

Manisan is a holy mountain. Dangun Wanggeom praycd to thc sky at the Chamseongdan Altar.

백두산 천지와 한라산 백록담 중간지점에 위치해 '겨레의 머리가 되는 성스러운 산'이라는 뜻으로, 머리의 옛말인 '마리'로 불리다 조선 중기부터 '마니'로 불리게 되었습니다.

Located in the middle of the Baekdusan Cheonji and Hallasan Baekrokdam lakes, Manisan is the "holy mountain that is the head of the people." It used to be called "Mari," an old word for "head," and later "Mani" from the mid-Joseon era.

Tip. 마니산이 위치한 강화도에는 고인돌뿐 아니라 많은 유적지가 있어 유적 답사여행으로 적합합니다.

Manisan is in Ganghwado Island. There also are many historic sites including Goindol (dolmens). An ideal destination for your history tour!

한국의 꽃!
Flowers in Korea!

"**한국은** 사계절이 뚜렷한 만큼 계절마다 피어나는 꽃이 다채롭습니다. "

Korea has four distinct seasons. Every season different flowers bloom.

봄에는 개나리, 진달래, 벚꽃, 목련이 개화하고 여름에는 장미, 목단과 해바라기가 그리고 국화인 무궁화가 핍니다. 가을을 대표하는 꽃은 국화와 코스모스가 있고 겨울에는 동백나무 꽃이 유명합니다.

Gaenari (forsythia), Jindalrae (azalea), Beotggot (cherry blossom), and Mokryeon (magnolia) bloom in spring, and Jangmi (rose), Mokdan (peony), Haebaragi (sunflower), and Mugunghwa (rose of Sharon) that is the national flower of Korea bloom in summer. Fields are filled with Gukhwa (chrysanthemum) and cosmos in fall, and Dongbaek (camellia) embellishes winter.

Tip. 지역 꽃 축제도 많이 열리니 계절별로 알아보고 가는 것이 좋아요.

There are many local flower festivals. Find out which festivals take place in which season.

한국의 추운 겨울!
Flowers in Korea!

"한국의 겨울은 매우 춥습니다. "

It is very cold in winter in Korea.

한국은 사계절이 뚜렷해, 다양한 날씨를 느낄 수 있습니다. 하지만 보통 여름이 더운 만큼 겨울은 많이 춥습니다. 눈이 많이 오기도 하고, 바람이 불면 살이 찢어지는 것처럼 아프기도 합니다. 감기에 걸리지 않기 위해 항상 조심하는 것이 중요합니다. 두꺼운 옷을 입고, 일을 시작하기 전에 따뜻한 난로에 손을 녹이고 일하는 것이 좋습니다. 또한 매우 건조한 계절로 다칠 위험이 높기 때문에 로션이나 핸드크림 등을 자주 바르는 것이 좋습니다.

Korea has four distinct seasons, meaning many different weather conditions. While it is scorching hot in summer, it is freezing cold in winter. It snows a lot, and the piercing winds blow. It is important that you take extra care not to catch a cold. Make sure you wear heavy clothes, and warm your hands near stoves before starting work. Also, winter is a very dry season in Korea. Use hand creams or balms to protect your hands.

Tip. 겨울엔 일을 시작하기 전에 몸을 녹이는 것이 좋습니다.

In winter, make sure you warm yourself up before starting work.

한국의 장마!
Rainy Season in Korea!

"한국은 다른 계절보다도 여름에 특히 비가 많이 옵니다."

In Korea, it rains the most in summer.

한국은 다른 계절보다도 여름에 특히 비가 많이 옵니다. 이 기간을 장마 기간이라고 하는데, 한국의 장마 기간은 6월 말과 7월 초 사이입니다. 이 시기에는 강한 비가 오래 내려 안전에 주의해야 합니다. 또한 언제 갑자기 비가 내릴지 모르니 작은 휴대용 우산을 늘 가지고 다니는 것을 추천합니다.

In Korea, it rains the most in summer. We call it Jangma, meaning the rainy season. The Jangma season in Korea is between late June and early July. During Jangma, it often rains heavily, so extra attention should be paid to your safety. As rain starts all of a sudden in this season, be sure to carry a small umbrella with you.

Tip. 한국의 장마에 대비하기 위한 여러 가지 방법을 찾아봅시다.
Find ways to weather the Jangma season in Korea.

아름다운 화산 섬 '제주도'!
Jeju Island – Beautiful Volcanic Island!

“제주도는 화산 폭발로 만들어진 섬입니다. ”

Jeju Island was made from a volcanic eruption.

제주도는 화산 폭발로 만들어진 섬입니다. 이 화산의 이름은 우리가 모두 알고 있는 유명한 산인 한라산이고, 한라산의 분화구는 백록담입니다. 화산 폭발의 영향으로 인해 제주도에서는 현무암을 많이 발견할 수 있습니다. 현무암은 지표 가까이에서 용암이 빠르게 굳어 만들어진 돌로, 검은색 표면에 구멍이 많이 뚫려 있습니다. 제주도 사람들은 이 현무암으로 바람을 막기 위한 돌담을 만들고, 돌하르방이라는 조각상을 많이 만들었습니다.

Jeju Island was made from a volcanic eruption. The volcano is in Hallasan, a famous mountain every Korean knows, and the crater lake on top of Hallasan is called Baekrokdam. Being a volcanic island, basalt rocks are everywhere in Jeju. Basalt was made when lava was quickly cooled down near the ground surface. It has many pores (holes) on its black surface. With basalt rocks, people in Jeju built stone walls to protect from the winds and made sculptures called "Dol Harubang."

Tip. 특이한 자연환경 때문에 생긴 재미있는 문화가 있다면 이야기해 봅시다.

Talk about fun cultural practices made from unique natural environments.

독도!
Dokdo!

" 독도는 한국의 가장 동쪽 끝에 있는 작은 섬입니다. **"**

The small island of Dokdo is the easternmost island of Korea.

한국의 동쪽 끝에는 독도라는 섬이 위치해 있습니다. 날씨가 맑은 날에는 울릉도에서 두 눈으로 독도를 관찰할 수 있습니다. 독도는 한류와 난류가 만나는 곳에 위치해 있어 다양한 해양 생물의 삶의 터전이 됩니다. 또한 풍부한 천연자원이 독도의 바다에 묻혀 있어, 과학 산업 분야에서 매우 중요한 곳이기도 합니다.

Dokdo is the easternmost island of Korea. On a day with clear skies, you can see Dokdo with naked eyes from Ulleungdo. Located on the border between a cold current and a warm current, Dokdo is home to many marine species. The island also has rich natural resources, so it is a very important place for science and industry.

Tip. 독도에서 살고 있는 여러 가지 동식물에 대해 알아봅시다.

Learn about many animals and plants living in Dokdo.

지리산의 반달가슴곰!
Asiatic Black Bears in Jirisan Mountain!

" **한국의** 국립공원인 지리산에는 멸종 위기인 반달가슴곰을 지키고 수를 늘리기 위해 생태학습장이 조성되어 있습니다. "

The Jirisan National Park has an eco-park that works to protect endangered Asiatic black bears and help them prosper.

반달가슴곰은 그 수가 얼마 남지 않은 멸종 위기 동물입니다. 그런 반달가슴곰을 지켜 멸종을 막고, 수를 늘리기 위해 지리산에 생태학습장을 만들어 보호하고 있습니다. 국립공원에서 다양한 프로그램도 진행하며 사람들에게 반달가슴곰의 정보와 소중함을 알리기 위해 노력하고 있습니다.

Called Bandal-Gaseum-Gom in Korean, the Asiatic black bear is an endangered species with only few populations remaining. In Jirisan Mountain, there is an ecology park that aims to protect them from extinction and help them multiply. The national park offers a range of programs to teach people about the bear and how important they are.

Tip. 지리산에 얼마나 많은 반달가슴곰들이 살고 있는지 조사해 봅시다!

Do your own research to find out how many Asiatic black bears live in Jirisan!

서해바다와 갯벌!
The West Coast and Mud Flats!

" 서쪽의 위치한 바다는 바닷물이 나고 듭니다. **"**

The tide comes in and out in the west coast of Korea.

달이 지구 주변을 돌면서 생기는 현상으로 바닷물이 빠지는 것을 썰물, 다시 들어오는 것을 밀물이라고 합니다. 썰물로 인해 물이 다 빠지면 드넓은 갯벌이 펼쳐지고 그곳에서 해산물을 잡거나 놀기도 합니다. 서쪽에 위치한 보령의 바다에서는 매년 여름 머드축제가 열리고 있습니다.

Influenced by the Moon running around the Earth, the tide comes in and out regularly, called the flow and ebb. When the tide goes out, a wide mud flat is revealed, where people have fun and catch seafood. A mud festival is held every year in Boryeong.

Tip. 갯벌에 발이 깊게 빠지거나 물이 들어올 때 갯벌 안에 있는 것은 매우 위험하니 조심해야 합니다.

Your feet may sink deep into the mud flat, and it is very dangerous to stay in the mud flat when the tide comes back in.

생태의 보고 '우포늪'!
An Ecological Treasure – Upo Wetland!

"대한민국의 경상남도 창녕군에 위치한 우포늪은 대한민국 최대의 내륙 습지입니다. 현재 유네스코 세계자연유산 후보에 오른 중요한 생의 보고입니다."

Located in Changyeong-gun, Gyeongsangnam-do, Upo Wetland is the largest inland wetland in Korea. It is an ecological treasure that is a candidate for the UNESCO World Heritage.

우포늪은 다양한 야생동물과 식물들의 삶의 터전입니다. 480여 종의 식물 62종의 조류 28종의 어류 55종의 곤충류가 서식 중입니다. 때문에 람사르 협약에 의해 보호받는 대표적 습지입니다.

Upo Wetland is home to many wild animals and plants. There are 480 plant species, 62 bird species, 28 fish species, and 55 insect species that call Upo home. Upo Wetland is protected under the Ramsar Convention.

Tip. 우포늪은 도보 코스, 자전거 코스 등 다양한 투어 코스를 제공하고 있습니다.
There are many tour programs available in Upo Wetland, including walks and bicycle rides.

5억년의 시간이 만든 신비한 지하궁전!
The Mysterious Underground Palace Created Over 500 Million Years!

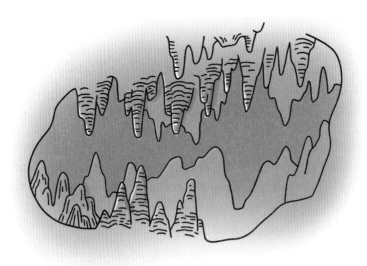

" 고수동굴은 5억 년 전 고생대 전기 해저에
퇴적된 탄산염암이 있는 신비한 동굴입니다. **"**

Gosu Cave is a mysterious cave created
by carbonate rocks deposited in the early
Paleozoic era 500 million years ago.

충청북도 단양군에 위치한 고수동굴은 1976년 9월 24일 대한민
국의 천연기념물로 지정되었으며 고생대에 생성된 천연 동굴입니다.

Located in Danyang-gun, Chungcheongbuk-do, Gosu Cave is a
Natural Monument of Korea designated on September 24 1976. It
was created in the Paleozoic era.

Tip. 동굴 내부에는 동굴의 수호신이라 불리는 사자바위부터 웅장한 폭포를 이루는 종유석, 선녀탕이라 불리
는 물웅덩이 등이 있습니다.

Inside the cave is Saja Bawui (lion rock) that is dubbed as the guardian of the cave,
stalactites that form a grand fall, and a puddle called Seonnyeotang (goddesses' bath).

도심 중심부를 연결하는 물길 '청계천'!
Chyeonggyecheon – A Stream in Downtown Seoul!

"서울에 위치한 하천으로 야경이 아름다운 곳입니다."

Cyeonggyecheon is a stream in Seoul. It boasts beautiful nightscape.

서울 종로구에 위치한 도심 속에 있는 하천입니다. 깔끔한 경관과 시원한 물이 흐르는 곳으로 많은 시민들이 청계천을 찾아 산책을 즐깁니다. 겨울에는 등불을 이용한 빛축제가 열리는데 연말 분위기와 어울리는 아름다운 불빛들이 가득하여 데이트는 물론 가족단위의 나들이객과 관광객들이 많이 찾는 곳입니다.

Located in Jongno-gu, Cyeonggyecheon is at the heart of downtown Seoul. Well-tidied landscapes and clear waters attract many citizens for a walk. In winter, a light festival takes place, filling the place with countless lights that resonate with the year-end vibe. It is loved by lovers, families, and tourists alike.

Tip. 시원한 물이 흐르는 청계천에 발을 담가보고 주변을 걸으며 서울을 구경해 봅시다.

Dip your feet in the cold waters of Cyeonggyecheon. Walk along the stream to look around downtown Seoul.

한국의 자연 휴양림!
Natural Recreation Forests in Korea!

"한국에는 수많은 자연휴양림이 있습니다.
이곳에선 캠핑, 숙박, 관광 등 다양한 프로그램을
자연과 함께 즐길 수 있습니다. "

There are many natural recreation forests in
Korea. You can camp, stay overnight, and tour
around these areas surrounded by nature.

자연휴양림은 숲이나 계곡 같은 자연에서 휴식을 취하고 다양한 놀거리
를 즐기는 곳입니다. 이곳에선 자연을 위해 자신의 쓰레기를 챙겨가야 하고,
주변 사람들에게 피해를 줄 수 있으니 너무 시끄럽게 하지 말아야 합니다.

Natural recreation forests are where you can rest and have fun in forests and
valleys. Be sure to protect nature by taking garbages back with you, and do
not raise your voice too much as it may cause inconvenience to others.

Tip. 내 주변의 자연휴양림을 방문해 자연을 느껴보는 건 어떨까요?
Visit a natural recreation forest near you and find yourself in nature!

벚꽃 구경!
Let's Go See the Cherry Blossoms!

> **벚꽃놀이는 봄에 즐길 수 있는 볼거리 중 하나입니다.**

In spring, cherry blossoms are in full bloom. Cherry-blossom viewing is one of the highlights in spring.

벚꽃은 벚나무에 피는 꽃으로 한국인이 좋아하는 꽃입니다. 꽃잎의 색은 분홍색, 하얀색으로 4월쯤 벚꽃 구경을 즐길 수 있습니다. 각 지역마다 벚꽃이 피는 시기가 다르고 벚꽃나무가 많이 심어져 있는 지역에서는 해마다 벚꽃축제가 열립니다. 벚꽃이 많이 심어져 있는 길은 길가에 많은 사람이 붐비기도 하고 벚꽃이 바람에 날려 떨어지는 모습은 마치 눈이 내리는 듯한 이미지를 줍니다. 벚꽃 구경은 연인들의 봄나들이 필수 코스입니다.

The cherry blossom is one of Koreans' favorite flowers. Pink or white in color, cherry blossoms are in full bloom in April. The flowering season vary by region, and many cherry blossom festivals take place every year. Roads with many cherry trees are crowded with people, and cherry blossoms flying in the winds look like snow falling from the sky. For lovers, cherry-blossom viewing is a must-do spring activity.

Tip. 벚꽃이 예쁘게 폈다가도 비가 한 번 오면 꽃이 다 떨어지는 경우도 있으니 해마다 시기를 잘 맞춰 구경을 가야 합니다.

Cherry blossoms are beautiful but fragile – they may fall off the trees when it rains. Watch your calendar to find out what is the best time to go cherry-blossom viewing!

DMZ(비무장지대)의 다양한 동·식물!
Animals and Plants in the DMZ (Demilitarized zone)!

" 대한민국과 북한의 휴전선으로부터 남, 북쪽으로 각각 2km는 군인을 배치하지 않았습니다. 이 지역을 DMZ라고 부릅니다. DMZ에는 사람이 살지 않아 다양한 동물과 식물이 살고 있습니다. "

South Korea and North Korea agreed to keep 2 km from the cease-fire line completely unarmed. This area is called DMZ, or Demilitarized Zone. No people live in the DMZ, but it is full of many different animals and plants.

6.25 전쟁이 끝나고 휴전선으로부터 남쪽, 북쪽으로 각각 2km는 군대와 사람의 출입이 허가되지 않았습니다. 그래서 군대가 무장하지 않은 곳이라는 뜻의 DMZ(Demilitarized Zone)로 불립니다. DMZ는 오랜 시간 사람의 출입이 없었던 만큼 환경이 잘 보존되어 있고, 멸종 위기의 동물과 식물이 많이 살고 있는 곳입니다.

After the Korean War, no armed forces and people were allowed to enter a 2 km-wide zone in the south and the north of the cease-fire line. This zone is called DMZ, as it is kept unarmed. Protected from human influence for a long time, the DMZ has well-preserved nature that is home to many endangered animals and plants.

Tip. DMZ에 살고 있는 멸종 위기 동물과 식물이 무엇이 있는지 조사해 봅시다!
Do your own research to find out endangered animals and plants living in the DMZ!

03

Chapter

제3장
한국의 문화 –K문화

Korean Culture – K-Culture

어서 와!
한국은
이런곳이야!

Welcome!
Let Me Show You the Korean Way!

새해 복 많이 받으세요!

Happy New Year!

"한국엔 달이 지구를 한 바퀴 도는 시간을 기준으로 만든 '음력'을 기준으로 한 명절문화가 있습니다. **"**

Koreans celebrate holidays based on the Lunar Calendar formed on the movement of the Moon around the Earth.

한국에는 4대 명절인 추석, 설날, 단오, 정월대보름이 있습니다. 특히 설날에는 떡국, 추석에는 송편, 정월대보름에는 오곡밥과 나물을 먹는 문화가 있습니다. 또한, 설날에는 '세배'라는 문화가 있습니다. 아랫사람이 윗사람에게 장수를 기원하며 절을 하고, 윗사람은 덕담을 해줍니다.

The four major holidays in Korea are Chuseok (Korean thanksgiving day), Seol (new year's day in the lunar calendar), Dano (fifth day of the fifth lunar month), and Jeongwol Daeboreum (day of the first full moon of the year). In particular, we do New Year's Bow on Seol, called "Sebae." Younger people bow to the elderly and wish them longevity, and the elderly give them words of blessing.

Tip. 세배를 받은 윗사람은 보통 '세뱃돈'이라는 용돈을 주는 풍습이 있습니다! 만약 윗사람이 덕담을 해주고 세뱃돈을 준다면, "고맙습니다!"라는 감사 인사를 잊지 마세요!

It is a common custom that the elderly also give them pocket money, called "sebaedon." If someone gives you words of blessing and some sebaedon, don't forget to say "thank you!"

한국인의 인심, 한국인의 정!
Generous and Kind-hearted Koreans!

"한국은 '정'의 나라입니다. 푸짐한 인심과 정으로 한국에는 '밑반찬 문화'가 있습니다. "

Korea is a country of generosity. The side dish culture in Korea shows how generous and kind-hearted Koreans are.

한국의 식당에 가면 상당히 많은 가짓수의 밑반찬이 함께 나올 것입니다. 이때 반찬을 더 달라고 하는 것에 망설이지 마세요. "사장님!"이라고 외치며 반찬을 더 달라고 부탁하면, 얼마든지 더 주실 것입니다. 당연히 추가 반찬의 가격은 무료입니다!

When you eat in a Korean restaurant, you will find many side dishes coming with the dish you ordered. If you want some more of the side dishes, don't hesitate to ask for more! Just say "Sajangnim!" and ask for some more, and they will get you more for free!

Tip. 술집에 가면 시키지 않은 '기본 안주'가 처음에 나올 텐데, 놀라지 마세요. 기본 안주 역시 무료입니다!

When you go to a pub, you will often find some snacks served without asking or ordering. They are complimentary and called gibon anju.

연장자 우선!
Respect for Seniors!

"한국 속담에 찬물도 위아래가 있다는 이야기가 있습니다."

A Korean proverb says 'even cold water should be first served to a senior.'

오늘날 인류는 어디고 할 것 없이 노인과 장애인, 임산부와 어린이 등 사회적 약자를 배려하는 문화가 정착되어가고 있는 추세입니다. 한국은 아주 오래전부터 어른을 공경하고 따르는 문화가 정착되어 있습니다. 그래서 한국의 속담에서는 찬물도 어른부터 마셔야 한다는 사회의 위계질서를 이야기하고 있습니다. 이러한 문화는 오늘날 직장에서도 이어져 후배들은 선배를 끔찍이 모시며 따르고 선배들은 후배를 잘 보살펴주면서 살아갑니다.

Now it has become a common practice of humanity to act thoughtfully for the weak, for example elderly people, people with disabilities, pregnant women, and children. Koreans have an old tradition to respect and obey the elderly. The Korean proverb "even cold water should be first served to a senior" shows the social rank order. The case is still the same today. At work, juniors respect seniors and act politely, and seniors look after juniors.

Tip. 한국에서는 만나는 어르신들과 나보다 나이가 많은 사람들을 공경하고 배우는 문화를 따라 해보기!
Practice Korean culture by respecting and learning from elderly people and those older than you in Korea!

성실한 민족!
A Diligent People!

> **"한국인들은** 근면함으로 짧은 기간에
> 놀라운 성장과 기적을 이뤄냈습니다.**"**

**Diligent Koreans achieved amazing growth
and miracles in a short period of time.**

여행을 가면 동양인 중에서 쉬지 않고 가장 열심히 휴양지를 도는 사람들이면 한국인인 줄 알 수 있다는 말과 같이 한국인들은 일을 할 때도, 놀 때도, 열정적으로 임합니다. 한국인들은 근면함으로 6.25 전쟁 이후 짧은 기간 안에 놀라운 성장을 이뤄냈습니다. 1997년에는 집안에 고이 간직했던 금들을 모아 금융 위기를 극복했으며, 2018년 평창 동계 올림픽 개최는 포기하지 않고 계속 도전한 결실입니다. 지금의 한국이 될 수 있게 해준 근면 성실함은 한국인만의 DNA입니다.

In a vacation spot, you can easily identify Koreans as they never stop looking around attractions even on their holiday! They are passionate at all times – whether it be work or play. Diligent Koreans achieved amazing growth in a short period of time after the Korean War. In 1997, they offered gold cherished in their treasure chests to help the nation overcome the financial crisis. And they never gave up and finally succeeded in hosting the 2018 PyeongChang Winter Olympic Games. Diligence runs in Koreans' DNA, and it was what made Korea's today.

Tip. 새벽 배송 서비스와 드라이브스루 코로나 선별진료소를 통해 안 되는 것도 되게 하는 한국인의 굳센 성실함을 엿볼 수 있습니다.

Early morning delivery services and drive-through COVID testing centers are examples of Koreans' diligence that makes the impossible possible.

한국의 마스코트, 호랑이!
Tiger – A Symbol of Korea!

" 호랑이는 한국을 상징하는 대표적인 동물입니다. "

The tiger is a symbolic animal in Korea.

호랑이는 한국을 상징하는 대표적인 동물로 국가대표 마크로도 자주 사용됩니다. 한국은 산이 많아 옛날부터 많은 호랑이가 살았으며, 서울 올림픽 마스코트 호돌이와 평창 올림픽 마스코트 수호랑 역시 호랑이를 모티브로 만든 캐릭터입니다. 옛날부터 전해져 내려오는 많은 설화나, 동화에서도 호랑이는 무서운 맹수이기도 하지만 역사적 위인들을 돕는 동물이자 신령 등 신비한 존재로 이야기되기도 합니다.

The tiger is a symbol of Korea. It is often seen in national sport teams' emblems. Korea is a mountainous country, and there were many tigers living there. The 1988 Seoul Olympics Mascot "Hodori" and the 2018 Pyeong-Chang Olympics Mascot "Soohorang" were both inspired by the tiger. In many legends and fairy tales, tigers are described as a scary beast but at the same time as a mysterious, god-like animal that helped historic figures.

Tip. 지도에 표시된 한반도의 모습은 달리는 호랑이의 모습과 같습니다! 지도에서 호랑이를 찾아봅시다!

On a map, the Korean Peninsula looks like a tiger running! Find a tiger from a map!

물건을 전달할 때는 두 손으로!
Hand Things with Both Hands!

" 한국은 타인을 존중하는 문화를 바탕으로,
다른 사람에게 물건을 전달할 때 두 손으로 전달합니다. "

Koreans respect others. That's why they hold things with
two hands when they pass something to others.

한국은 어른과 타인을 존중하는 문화가 있습니다. 때문에 직장상사, 선배와 같이 나보다 윗사람이거나 처음 보는 사람에게 두 손으로 물건을 전달하는 예절이 있습니다. 식사할 땐 물이나 음료를 두 손으로 잡고 따르거나, 업무를 진행할 땐 물건을 두 손으로 잡고 전달합니다.

Koreans respect elderly people and others. It's etiquette that you hold things with two hands when you pass something to a superior, for example seniors and managers at work, or a person you meet first. When eating, you hold the bottle with two hands when you pour them water or drinks. At work, you hold things with two hands when you hand things to them.

Tip. 나보다 어린 사람이더라도 처음 보는 사이라면 타인을 존중하는 마음으로 두 손으로 물건을 전달합니다.

Respect others. Hold things with two hands when you pass something to strangers even they are younger than you.

약속!
Promise!

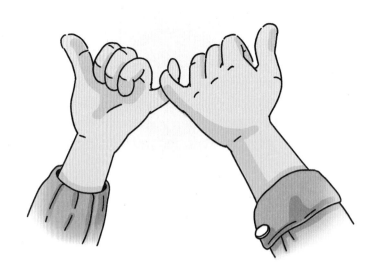

"한국은 철저한 신용사회입니다. 약속을 잘 지켜야 합니다."

Korea is a credit society. Promises should be kept.

대한민국은 철저한 신용사회로 큰 약속이든 작은 약속이든 철저히 지키며 살아가고 있습니다. 한국에서 생활할 때는 반드시 약속을 지켜야 살아갈 수 있습니다. 거짓과 변명으로 약속을 지키지 못하게 되는 순간 주위 사람들로부터 외면받게 된다는 것을 명심하시기 바랍니다.

Korea is a credit society. Everyone keeps their promise, however big or small. In Korea, you must keep your promises. Remember that people will look away from you if you lie and make an excuse for breaking the promise.

Tip. 약속을 잘 지키며 신용사회에 익숙해지기!

Keep your promises and get used to the credit society!

오른쪽으로 *걸어요!*
Walk on the Right Side!

"한국의 공공장소에서는 오른쪽으로 통행해야 합니다. "

We walk on the right side in public spaces.

밖에서 길을 걸을 때나 지하철, 기차역 등의 대중교통의 계단에서, 그리고 공공장소에서는 오른쪽으로 통행해야 합니다.

When you walk along the street, go up and down the stairs in a subway or train station, or otherwise move in a public space, don't forget to walk on the right side.

Tip. 하지만 언제나 우측통행인 것은 아닙니다. 차도와 보도의 구분이 없는 곳에서는 차량을 마주보고 걸어야 사고를 피할 수 있습니다.

It does not necessarily mean that you must walk on the right side in all situations. Where there is no border between the road and the sidewalk, walk on the opposite side of cars to avoid accidents.

'빨리 빨리!'
Bbali-bbali!

"한국에서는 '빨리빨리'하는
분위기를 쉽게 찾아볼 수 있습니다. "

Koreans like doing things 'bbali-bbali'.

한국은 모든 것을 '빨리빨리' 하려는 성향이 있습니다. 작게는 승강기 닫힘 버튼을 계속해서 누르는 것부터 크게는 주문 후 짧은 시간 안에 오는 음식 배달 서비스, 인터넷 뱅킹 및 인터넷 쇼핑문화 등에서까지 '빨리빨리' 문화가 잘 나타납니다.

Koreans like doing things "bbali-bbali," meaning "quick, quick!" This "bbali-bbali" culture is reflected in everything they do – from repeatedly hitting the close button in an elevator to super-fast food delivery services, internet banking, and online shopping.

Tip. 지금 당신이 있는 곳에서 핸드폰을 켜서 인터넷에 접속해 보세요. 신속하게 이용 가능합니다.

Wherever you are, try accessing the internet on your mobile phone. Everything is instantly ready.

한국의 공동체주의!
Groupism in Korea!

" 한국의 집단주의는 집단의 목표 달성이 아닌
집단 내 관계 유지를 더 중요하게 생각합니다. "

In Korea, groupism is not about achieving the group's goal.
It is about maintaining relationships within the group.

집단 안에서 좋은 관계를 위해 생긴
한국 사회만의 암묵적인 관습들이 있습니다.

1. 체면 : 상황에 맞는 행동, 믿을만한 인품, 경제적 여유나 사회적 성공, 남에게 인정을 받는 것 등으로 체면을 세우려 한다. 또한 체면을 차리는 자세한 방법으로는 점잖게 행동하기, 말 수 줄이기, 의례적인 말하기 등이 있다.

2. 눈치 : 눈치는 어느 문화에서나 발견할 수 있지만 한국에서의 눈치는 또 다른 특징이 있다. 눈치 주는 사람이 전달 내용을 직접적으로 표현하기보다는 몸짓, 발성, 억양 등을 사용하여 은근슬쩍 자신의 의사를 전달한다.

There are tacit rules in Korean society to maintain relationships in the group.

Chemyeon (saving face): Koreans try saving their face by acting according to the situation, presenting themselves as a trustworthy person, pursuing economic and social success, and being recognized by others. Examples of their 'saving-face' acts include acting politely, being careful in speech, and using formal words.

Nunchi (social cues): Using social cues to read others' mind is universal, but nunchi in Korea is somewhat different – they express social cues on the sly using a gesture, tone, or intonation, rather than directly expressing their thoughts.

Tip. 한국에서는 가족관계, 같은 학교 및 직장에서 만난 동료 관계와 같이 아는 사람들과의 관계를 아주 중요하게 생각합니다.

Koreans are very strong on keeping relationships with people they know such as family members, classmates, and work colleagues.

한국의 민주주의와 투표!

Democracy and Voting in Korea!

"한국은 투표권을 가진 민주주의 나라입니다. **"**

Korea is a democratic country where everyone has the voting right.

한국은 민주주의를 이념으로 하는 나라입니다. 때문에 어떠한 일을 결정하거나, 의견을 나눌 때 많은 사람들의 이야기를 귀 기울여 듣고 투표를 통해 결정합니다. 투표는 자신이 맞다고 생각한 의견이나 이념에 의사를 밝힘으로써 이루어집니다. 한국에서는 어린아이부터 어른까지 중요한 일의 책임자를 결정할 때나, 의견을 통일할 때 토론과 투표 등을 통해 결정하게 됩니다.

Korea is a democratic country. When they decide or discuss things, they listen to others and make decisions by voting. Young and old, all Koreans discuss and vote when they have to decide who should be responsible for important things or they need to reach an agreement.

Tip. 자신의 의견을 밝힐 수 있는 투표에 참여합시다!

Vote to make your own voice!

k-pop!

k-pop!

> ## "아이돌 중심의 한국 음악인 k-pop은 세계에서 잘 알려진 한국 음악입니다."

The Korean music scene is led by idol groups.
K-pop is well known all over the world.

방탄소년단과 싸이의 강남스타일을 알고 계시나요?

아이돌 중심의 한국 음악이라고 할 수 있는 k-pop은 반복되는 중독성 있는 하이라이트, 청소년·청년 세대의 공감과 흥미를 이끌어내는 가사 그리고 따라 하기 쉬운 춤이 특징입니다. 기획사 안에서 오랫동안 훈련과 교육을 받고 그룹으로 무대에 서게 되는 아이돌은 뛰어난 외모와 칼군무, 화려한 의상과 무대가 매력적입니다. 유튜브에 업로드 된 뮤직비디오와 무대영상이 sns에서 짧은 영상들로 편집되어 퍼져나가 k-pop은 세계적으로 사랑받을 수 있었습니다.

Have you heard of BTS, or Gangnam Style by Psy?

The Korean music scene is led by idol groups. K-pop features addictive hooks, lines that well resonate with teenagers and youths, and easy-to-follow dance moves. Trained and taught for a long period of time by their management, idol groups shine on stage with their charming appearance, perfectly-synchronized choreography, splendid costumes, and attractive stage performances. Music videos and stage recordings uploaded on YouTube and short clips shared on social networks made K-pop loved by fans all over the world!

Tip. 한국어와 한국문화를 재미있게 알고 싶다면 k-pop을 들어 보세요!

Listening to K-pop is a fun way to learn about the Korean language and culture!

한국에서의 *전화번호 119 와 112*
When to Call 119 or 112 in Korea!

" **화재가** 발생했을 때나 사고 등 긴급상황 발생 시에는
국번 없이 119로, 범죄신고는 국번 없이 112. "

Call 119 without area code in the event of emergency situations
such as fire and accidents, 112 without area code to report crime.

한국은 치안이 매우 좋은 편으로 안전한 나라입니다. 또한 화재가 발생
하거나 긴급상황에 신속하게 여러분 곁으로 달려가 돕게 되는 구급대가
24시간 대기하고 있습니다. 국번 없이 119로 전화 하세요! 또한 일상생활
에서 범죄의 피해를 받았거나 범죄발생이 의심스러운 상황이 발생될 때는
국번 없이 112로 전화하면 친절한 한국경찰이 여러분에게 달려가 도움을
드릴 것입니다.

Korea is a very safe country. Emergency operators are available 24/7 to
help you in the event of fire and other emergency situations. Just dial 119
without area code! If you are a victim of crime or if you suspect a criminal
offence, dial 112 without area code. The kind Korean police are there to
help you immediately!

Tip. 재난 및 화재구조구급 신고는 119, 범죄 신고는 112, 해양사고 신고는 122, 학교폭력엔 117, 가정폭력
여성폭력의 상황에서는 1366, 한국의 사회서비스를 이해하고 위험과 비상상황에서 활용하기!

Call 119 for disaster and fire reports, 112 for crime reports, 122 for marine accidents,
117 for school violence, 1366 for domestic violence and violence against women. These
are social security services that will keep you safe from danger!

CCTV!
Security Cameras!

"CCTV가 당신을 안전하게 지켜줍니다. "

Security cameras will keep you safe.

한국은 약 1,148,770대의 CCTV가 설치되어 있는 세계에서도 손꼽히는 CCTV 대국입니다. 교통단속, 어린이보호구역, 생활방범, 시설물관리, 쓰레기단속 등 다양한 용도의 CCTV가 곳곳에 설치되어 범죄를 예방하기 위해 24시간 촬영 및 녹화되고 있습니다. 공공의 안전을 위해 CCTV가 항상 지켜보고 있다는 것을 인지하시길 바랍니다.

Korea has 1,148,770 security cameras, commonly called CCTV, which is among the highest number globally. CCTVs are in operation 24/7 for various purposes including cracking down on traffic violations, protecting children safe, preventing crimes in neighborhoods, managing facilities, and preventing littering. CCTVs are watching everyone for public safety.

Tip. 물건을 잃어버렸거나, 사건·사고가 발생하였을 때 CCTV가 녹화하고 있다는 것을 인지하고 문제 해결하기!

If you get something lost or get involved in an accident, remember that CCTVs could have recorded the scene!

진료는 의사에게! 약은 약사에게!
See a Doctor for Treatment!
Talk to a Pharmacist for Medication!

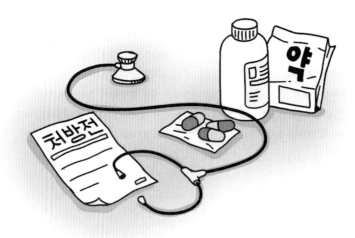

" 몸이 아플 때는 병원에 가서서 의사에게
진료를 받고 약국에서 약을 처방받아야 합니다. **"**

**When you feel unwell, see a doctor at a clinic and
get the pills from a pharmacy.**

한국은 의료 선진국으로 한국에서 생활하며 몸이 아프거나 건강 상태가
좋지 않을 때 병원과 약국을 이용할 수 있습니다. 혼자서 고생하지 마시고
근처 가까운 병원에 가서서 진료를 받으시면 주사나 처방을 받을 수 있습
니다. 이때 약은 약국에서 약사님이 처방해 줍니다.

Korea has an advanced healthcare system. When you are sick or feel un-
well, go to clinics and pharmacies near you. Don't worry yourself over it –
just go see a doctor for injections and prescriptions. Bring your prescrip-
tions to a pharmacy to get the pills!

Tip. 몸이 아프거나 건강 상태가 좋지 않을 때 주저하지 말고 병원 찾아가기!
When you are sick or feel unwell, do not hesitate to visit a clinic!

여기서도 와이파이(Wi-fi)가 된다고?
We Have Wi-Fi Access Here!

"버스나 지하철 등 대중교통은 물론 길거리에서도 언제 어디서나 무료 와이파이를 이용할 수 있습니다. **"**

Free Wi-Fi is everywhere – buses, subways, or even streets!

공항 지하철, 식당, 관광지 등 공공장소에서 무료로 와이파이를 자유롭게 사용할 수 있습니다. 무료 와이파이임에도 빠른 속도를 자랑합니다. 어디서 와이파이 이용이 가능한지 궁금하다면, 주변을 둘러보아 Public Wi-Fi Free 표시가 있는지 확인해 보세요. 그 표시가 있는 곳이라면 어디서든 무료 와이파이가 이용 가능하다는 뜻입니다!

There are free Wi-Fi access points in public spaces such as airports, subways, restaurants, and tourist attractions. Being free does not necessarily mean being slow. Indeed, it's super fast! If you need Wi-Fi access, look around and find the "Public Wi-Fi Free" sign, which means you have free access to Wi-Fi.

Tip. 한국인들과 소통하기 어려울 때, 무료 와이파이를 이용해 번역기 어플리케이션을 사용해 보세요! 원활한 소통이 가능해질 것입니다.

Challenges in communications with Koreans? Access free Wi-Fi and use a translation app for smoother communications.

불금!
Friday Night Fever!

> **불금**은 불타는 금요일을 줄여서 말하는 것으로
> 주말을 열렬히 기대하는 마음이나 불타듯이 열정적으로
> 금요일 저녁을 즐기는 것을 표현한 말입니다. **"**

Set the fire on Friday night! Literally meaning 'a burning Friday,' the word 'Bulgeum' shows Koreans' aspiration for the weekend and their willingness to make the most of Friday night.

한국 사람들은 금요일을 좋아합니다. 그다음 날이 일을 하지 않고 휴식할 수 있는 주말이기 때문입니다. 그래서 일정을 마무리한 금요일에 늦은 밤까지 가족 또는 친구들과 여가를 즐기며 금요일 저녁을 불처럼 뜨겁게 보냅니다.

Koreans love Friday. Because they have days off during the weekend. At the end of their weekdays, they often spend the Friday night till late with family and friends to spend a "Bulgeum."

Tip. 금요일 저녁에 홍대와 강남 같은 번화가에 가면 평소보다 더 사람이 많고 들뜬 분위기를 느낄 수 있습니다!

On Friday in the evening, go to busy streets like Hongdae and Gangnam. You will find the streets are packed with people with a restless heart!

24시 문화!
Around the Clock!

"한국에서는 24시간 쉬지 않고
운영하는 시설들이 많습니다. "

In Korea, many shops open 24 hours
a day without a break.

한국 밤은 밝습니다. 24시간 환히 열려 있는 편의점, 카페, 식당, pc
방 등이 많기 때문입니다. 늦은 밤에도 깨어서 밖을 다니는 사람들이
많다는 뜻이기도 해서 그만큼 치안이 좋다고 자부할 수 있습니다.

Korea never sleeps. There are many convenience stores, cafes,
restaurants, and internet cafes running 24/7. Many people stay
awake and roam around till late, showing how safe the country is!

Tip. 밤에 갑자기 좋아하는 과자가 먹고 싶어도 내일 아침까지 참지 않아도 됩니다!

If you crave for some snacks at midnight, you don't have to wait till the Sun rises!

한국의 주거 형태!
Residential Types in Korea!

"한국인들은 주로 아파트, 빌라, 주택에 거주합니다."

Koreans mostly live in an apartment, villa, or house.

한국 사람들은 주로 100가구 이상의 층수가 많은 '아파트', 50가구 미만의 다세대주택인 '빌라', 건물 한 개에 한 가구가 사는 '주택' 등에 거주합니다. 그중에서도 한국의 가장 많은 주거형태는 아파트입니다.

Common residential types in Korea include apartment buildings that are multi-story buildings with more than 100 households, villas that are multi-household buildings with less than 50 households, and detached houses for individual households. The most common among them is the apartment.

Tip. 집을 구할 때는 주거형태에 따라 다르지만 보통 집을 직접 사는 '매매', 연 단위로 주인에게 빌리는 '전세', 월 단위로 주인에게 집을 빌리는 '월세'가 있습니다.

When you find a place to live, you may buy a home, called Maemae in Korean, sign an annual lease contract called Jeonse, or lease on monthly rents, called Wolse.

따뜻한 바닥에 앉아요!
Sit on the Floor! It's Warm!

**"한국의 전통의복은 한복입니다.
한국의 전통가옥은 한옥입니다."**

Hanbok is traditional Korean clothes. Hanok is
traditional Korean housing.

한국엔 우수하고 독창적인 의식주 문화가 발달해 왔습니다. 사계절이
뚜렷한 특징 탓에 더운 여름과 추운 겨울을 보내기 위한 문화가 발달한
것입니다. 특히 온돌에서 비롯된 좌식 문화가 발달했습니다. 온돌은 현대
의 보일러 시스템과 닮아있는데, 바닥을 따뜻하게 해주는 시설입니다.

Korea has advanced and unique food and residential culture. With four
distinct seasons, they have developed ways to stay cool in hot summer
and warm in cold winter. In particular, they have a 'sitting' culture associ-
ated with Ondol. Similar with the modern heating system, Ondol is a tradi-
tional floor heating system in Korea.

Tip. 좌식문화가 익숙하지 않겠지만, 집 안에서는 편하게 바닥에 앉아보세요. 금방 편하다는 걸 느낄수 있을
것입니다!

You may not be used to sitting culture, but why don't you just sit on the floor? You'll
instantly find yourself so comfy!

한국의 화폐단위 '원'!
Korean Currency: Won!

❝한국의 화폐단위는 '원'으로 크게 4개의 동전과 4개의 지폐로 구분됩니다.❞

The Korean currency is called 'won.' There are four types of coins and four types of notes.

한국의 화폐는 '원'으로 영어로는 '₩'으로 표시합니다. 한국의 화폐는 크게 10원, 50원, 100원, 500원 단위의 4개의 동전과 1,000원 5,000원, 10,000원 50,000원 단위의 4개의 지폐로 구분됩니다. 각 동전과 지폐에는 학과 벼, 석가탑과 같은 한국의 대표적인 상징과 세종대왕, 신사임당, 율곡 이이, 퇴계 이황과 같은 위인들의 얼굴이 그려져 있습니다. 이외에도 100,000원 이상의 금액을 수표로 사용할 수두 있으며, 현금과 카드, 상품권 등으로 물건을 살 수 있습니다.

The Korean currency is called "won" with the sign "₩." There are four types of coins (10 won, 50 won, 100 won, and 500 won) and four types of notes (1,000 won, 5,000 won, 10,000 won, and 50,000 won) circulated in Korea. Each coin and note features symbols of Korea such as the crane, the rice, and Seokgatap (Sakyamuni Pagoda), and historic figures such as King Sejong, Shin Saimdang, Yulgok Yi Yi, and Toegye Yi Hwang. Bank checks come in 100,000 won or higher values. You can pay in cash, by card, or with a voucher when you buy something.

Tip. 한국에서는 가격표에 있는 금액에 세금이 포함되어 있습니다. TIP이나 별도의 세금을 따로 계산하지 않아도 됩니다!

Price tags in Korea include taxes. You don't have to pay separate tips or taxes.

한국의 대중교통!
Public Transport in Korea!

" 한국에서 이동할 때 버스, 지하철, 택시와 같은
대중교통을 주로 이용합니다. "

Koreans travel on public transportation such as bus, subway, and taxi.

다른 장소로 이동할 때 버스, 지하철, 택시를 주로 이용합니다. 버스는 야외에 있는 버스정류장에서 탈 수 있고 지하철은 지하에 내려가면 있는 지하철역에서 탈 수 있습니다. 택시를 탈 때에는 택시를 향해 손을 뻗거나 앱을 사용하여 택시를 잡아탑니다. 주로 교통카드에 현금을 충전하여 요금을 지불하거나 신용카드로 요금을 지불합니다. 버스와 택시에서는 현금으로도 요금을 지불할 수 있습니다.

When you travel, you are likely to take a bus, subway, or taxi. Wait for a bus at a bus stop on street, or go underground to get on the subway. To get a taxi, simply wave at a taxi or use a taxi app. You can charge a transportation card to pay the fare, or simply use a credit card. You can also pay the bus or taxi fare in cash.

Tip. 내가 타려는 버스나 지하철이 역에 도착하기까지 얼마나 걸리는지 역(정류장)에 있는 LED화면을 통해 확인이 가능하답니다! 또, 카드로 교통비 지불 시, 버스는 3번까지 무료로 환승할 수 있으며, 지하철에서 버스로 환승 시 버스를 무료로 이용할 수 있습니다!

Look to the LED screen at the bus stop or subway station to find out when the next service will arrive. When you use a transportation card, you can transfer between buses up to three times for free and transfer from a subway to a bus for free!

초록 불이 켜지면 횡단보도를 건너요!

You Can Cross the Street with a Green Light!

"횡단보도를 건널 때에는 초록불이 켜졌을 때, 횡단보도에서만 길을 건너야 합니다."

To cross the street, usc a pedestrian cross.
Cross when the light turns green.

횡단보도를 건널 때에는 초록불이 켜졌을 때에만 건넙니다. 빨간불이 켜졌을 때는 차가 다녀 위험하기 때문에 건너지 않습니다. 오직 횡단보도에서만 길을 건너야 합니다.

You can cross the street when the traffic light turns green. Cars move on a red light, so it's not safe to cross. You may cross the street at a pedestrian cross.

Tip. 그 어떤 것보다 당신의 안전이 가장 중요합니다!

Your safety matters more than anything!

한국의 대중교통 환승!
Transit Transfer in Korea!

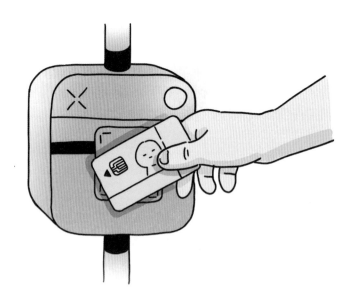

"한국에서 단 한 장의 카드로도 여러 종류의
대중교통을 환승할 수 있습니다. **"**

**In Korea, you can transfer between different public
transportations with one card.**

한국에서는 단 한 장의 교통카드로, 일반 시내버스와 광역버스, 그리고 지
하철과 경전철 등 여러 종류의 대중교통을 환승할 수 있습니다. 교통카드는 하
차 후 30분 안에 환승한다면, 환승요금제가 적용되어 할인받을 수 있습니다.
버스의 요금과 할인 가격은 지역마다 약간의 차이가 있습니다. 잔액이 부족한
경우 버스정류장이나 지하철역 내의 충전소에서 바로 충전할 수 있습니다.

In Korea, you can transfer between different public transportations with
one transportation card, including intercity buses, intracity buses, sub-
ways, and light rails. Transit fares are applied when you transfer from one
to another within 30 minutes. Bus fares and discount fares vary by region.
When your card runs out, you can have it recharged at a bus stop or a
charging station in a subway station.

Tip. 교통카드는 주변의 편의점에서 구매하거나, 체크카드와 신용카드와 같은 결제카드에 기능을 추가하여
이용할 수 있습니다.

You can buy a transportation card at a convenience store or have the transportation
card function added to your check card or credit card.

버스 이용 문화!
How to Use Bus Services!

" **한국은** 대중교통이 잘 구축되어 있어 버스를 이용할 때도 편리한 점이 많습니다. "

Korea has a well-built public transport system. It's so convenient to use bus services.

많은 버스가 오고 가는 정거장에선 버스 노선이 비슷한, 목적지가 비슷한 버스들끼리 정차할 수 있도록 구역이 나눠져 있습니다. 각 구역엔 디지털 패널이 있고 언제 몇 번 버스가 도착하는지 도착까지의 소요시간이 표시되어 있습니다. 또 각 버스의 노선들도 벽면에 붙어 있어 본인이 어떤 버스를 타야 할지 직접 찾아볼 수도 있습니다.

At bus stops with multiple bus services running, you will find the stop is sectioned into different zones for different destinations. Each zone has a digital panel that informs you of what buses will arrive when. You will also find bus route information displayed on the wall, so you are never lost!

Tip. 정거장이 큰 경우에는 동떨어진 구역에서 줄을 서서 타야만 하는 버스도 있으니 잘 살펴보아야 합니다.
At larger stops, you may need to line up at a separate spot to get on a specific bus.

편리한 열차!
Convenient Train Services!

"한국의 큰 도시에는 지하철이 있어 다른 도시로 여행을 가기도 편리합니다."

Major cities in Korea have subways. It's easy to travel to another city.

한국에는 많은 교통수단이 있지만, 특히 서울에서는 지하철을 가장 많이 이용합니다. '환승'이라는 방법을 사용하여 다른 호선의 열차를 탈 수도 있고 서울과 가까운 경기도까지도 편리하게 갈 수 있습니다. 서울뿐만 아니라 대전, 대구, 부산, 광주에도 지하철이 있습니다. 또한, KTX와 SRT 등 다른 지역으로 빠르게 갈 수 있는 고속열차도 있습니다.

There are many types of public transportation in Korea, but the most common in Seoul is the subway. You can transfer from one line to another, and you can even travel to Gyeonggi-do from Seoul without a hitch. There are subways in Daejeon, Daegu, Busan, and Gwangju, as in Seoul. KTX and SRT are high-speed train services that connect between different cities.

Tip. 휴가를 받는다면 열차를 이용해서 한국의 다양한 매력을 느끼러 떠나보는 것은 어떨까요?.

When you have some days off, why don't you ride on a train to feel the many different charming sides of Korea?

임산부석!

These Seats Are for Pregnant Women!

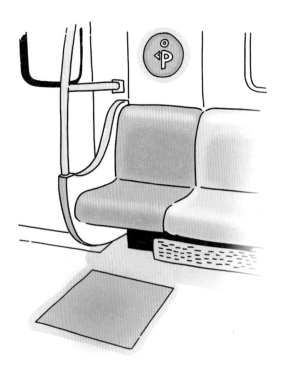

"한국의 지하철에는 분홍색으로 표시된 좌석이 있습니다. 이는 '임산부석'이라 부르며 아직 배가 나오지 않은 초기 임산부를 배려하고자 하는 목적으로 만들어졌습니다."

In a subway in Korea, you will find seats marked in pink. They are called 'Imsanbuseok,' meaning seats reserved for pregnant women in early stages.

해당 좌석은 임산부, 노약자 모두 착석이 가능하지만 초기 임산부를 위해 비워두는 것이 좋습니다. 이는 약자에 대한 사회적 배려입니다. 한국의 타인에 대한 배려심을 나타내는 좋은 문화입니다.

These seats are reserved for pregnant women, elderly people, and people with special needs, but they are primarily for pregnant women in early stages. It is a social consideration for the weak, and it shows how considerate Koreans are.

Tip. 임산부석은 좌석의 양 끝에 있으며 분홍색입니다. 노약자석은 열차의 양 끝에 위치해 있으며 노란색입니다.

Imsanbuseok are on either end of the seat and marked in pink. Reserved for the elderly and people with special needs, Noyakjaseok are on either end of the train and marked in yellow.

한국의 목욕 문화, 목욕탕과 찜질방!
Bathing Culture in Korea: Sauna and Spa!

> **한국** 사람들은 대중목욕탕의 뜨거운 물과 사우나에서 피로를 푸는 것을 좋아합니다. **"**

Korean people love relaxing in a hot bath and sauna in a public bath.

한국은 목욕 문화가 발달되어 있어 많은 사람들이 대중목욕탕에서 뜨거운 물에 몸을 담그고 때를 벗겨내는 것을 좋아합니다. 목욕할 때는 모든 옷을 벗고 탕에 들어가기 때문에, 한국에서는 함께 목욕하러 가는 것은 그만큼 친한 사이라는 것을 의미합니다. 취향에 따라 뜨거운 탕이나 차가운 탕에서 몸의 피로를 푼 후 사우나에서 땀을 빼면서 몸속의 노폐물을 제거합니다. 목욕탕 안에서는 때를 밀지 않습니다.

Korea has a well-developed bathing culture. Many people love relaxing in a hot bath and washing off the dirt in a public bath. You take all clothes off when you take a bath, so going for a bath together means a very close relationship in Korea. Rest up in a hot or cold bath and get yourself sweating out in a sauna to drive body wastes out. Do not scrub off in a bath.

Tip. 음주 후에 목욕탕과 사우나에 들어가면 쓰러질 위험이 있으니 조심해야 합니다!

Do not get in a bath or sauna when you are drunken. You may fall down and collapse.

한국의 대중목욕탕 문화!
Public Baths in Korea!

"한국에는 다 함께 목욕할 수 있는 대중목욕탕이 많이 있습니다. **"**

There are many public baths in Korea.

한국에는 동네마다 다 함께 목욕할 수 있는 대중목욕탕이나 찜질방이 많이 있습니다. 뜨거운 물이 담긴 탕에서 한참 동안 있다가, 불린 때를 미는 것이 한국의 목욕 문화입니다. 또한 한국인들은 목욕탕이나 찜질방에서 맛있는 음식들을 많이 먹습니다. 식혜와 삶은 계란이 대표적인 목욕탕, 찜질방 음식입니다.

In every neighborhood, there are public baths and Korean dry saunas called Jjimjilbang. Koreans love relaxing in a hot bath and scrubbing off. They also love eating at a bath or Jjimjilbang. The most popular include Sikhye (rich punch) and hard-boiled eggs.

Tip. 한국에 있는 대중목욕탕이나 찜질방에 방문해서, 한국의 목욕 문화와 음식 문화를 즐겨 봅시다.

Visit a public bath or Jjimjilbang in Korea to experience the bathing and food culture.

아껴쓰고 나눠쓰고 바꿔쓰고 다시쓰는 바자회!

Bazaar – Save, Share, Exchange, and Reuse!

바자회는 쓰지 않는 물건을 모아 파는 것으로 주로 학교나 마을의 장터에서 열립니다. 이 때 판매 수익금은 사회에 기부하거나 학교 운영금 등 공공기금으로 사용되는 것이 일반적입니다.

Bazaars often take place in schools and markets. They sell unused items, and in many cases the profits are donated or used for public interest, for example school operations.

알뜰하고 살뜰한 한국인들의 특성을 엿볼 수 있는 문화인 바자회는 주로 지역이나 사회단체에서 주최합니다. 위치는 학교나 장터 등이고 간단한 음식도 함께 판매하여 축제 같은 분위기입니다.

Bazaars are where you can see how thrifty Koreans are. They are mostly organized by community and civic groups and held in schools and markets. Selling snacks and foods, they are more like a community festival!

Tip. 바자회에서 의외의 보물을 찾을 수도 있습니다.
Bazaars are where you can also find hidden gems!

물려받는 문화!
Hand Down and Use Again!

" 한국에는 선배나 형제의 물건을 물려받는 문화가 있습니다. 주로 책이나 교복 등을 물려받으며 이를 통해 알뜰한 한국인의 정신을 엿볼 수 있습니다. **"**

Koreans often hand things down from senior or older siblings to younger ones. They usually hand down books and school uniforms. It shows how thrifty Koreans are.

가정에서는 형제자매의 옷과 물건 등을 물려받고 학교에서는 교과서나 교복을 물려받습니다. 최근 지역 시별로 '알뜰교복은행'이라는 것을 만들어 깨끗한 교복을 합리적으로 구할 수 있습니다.

In homes, siblings hand down clothes and articles from older to younger ones, and in schools they hand down textbooks and uniforms to juniors. Recently many cities made "school uniform banks" where you can buy clean school uniforms at a reasonable price.

Tip. 특히 사전은 부모님 것을 물려 쓰기도 합니다.

Dictionaries are often handed down from parents.

중고거래!
Secondhand Marketplace!

"사용하던 질 좋은 물건을 싸게 사고 팔 수 있습니다. "

A place to sell and buy quality secondhand items at a bargain.

한국에는 중고제품을 거래할 수 있는 플랫폼, 커뮤니티가 발달했습니다. 사용하던 전자제품, 가구, 가방, 신발, 옷 등을 누구나 살 수 있고 누구나 판매할 수 있습니다. 가격은 상태에 따라 다르지만 대체로 처음 샀던 가격보다 저렴하게 사고 팝니다.

There are many platforms and communities to buy and sell secondhand items in Korea. Anyone can sell or buy used electronics, furniture, bags, shoes, clothes, and many more. Prices depend on conditions but are always cheaper than the retail price!

Tip. 공인된 플랫폼을 이용하고 택배보다 직접 만나서 사고 파는 것이 가장 안전합니다.

Use trusted platforms. Meet the seller or buyer in person rather than using couriers.

분리수거!
Recycling!

> **"깨끗한** 우리나라를 만들기 위해 모두가 함께 노력하고 있습니다. **"**
>
> It takes everyone's effort to make the country cleaner.

한국은 깨끗한 나라를 만들기 위해 쓰레기를 잘 버리고 있습니다. 다시 사용할 수 있는 쓰레기는 잘 분리해서 버리고, 음식물 쓰레기도 따로 버려야 합니다. 쓰레기를 잘 분리해서 버린다면 좋은 칭찬을 받을 수 있을 것입니다.

Koreans pay extra care when they throw away garbage to keep their country clean. They separate recycleables and discharge food waste in separate bags. It is a good deed to separate garbage and take part in recycling.

Tip. 일반 쓰레기, 다시 사용 가능한 쓰레기, 음식물 쓰레기를 잘 분리해서 버립니다.

Separate general waste from recycleable waste and food waste.

패셔니스타!
Fashionista!

" 한국 사람들은 패션,
꾸미는 것과 가꾸는 것에 관심이 많습니다. **"**

Koreans are keen on fashion, sprucing themselves
up, and taking care of their looks.

한국 사람들은 남자와 여자 모두 패션에 관심이 많은 편입니다. 특히 유행에
민감한 편입니다. 하지만 젊은이들 중에서는 개성 있는 패션을 좋아하는 사람
들도 많습니다. 또한 피부나 헤어스타일 등에도 신경을 많이 쓰는 편입니다.

Men or women, Koreans are keen on fashion. They are particularly sensi-
tive to trends. But many youngsters like to express their individuality with
unique styles. They are also care about skin care and hair styles.

Tip. 사람이 붐비는 길거리를 지나다니다 보면, 각자 유행이나 개성에 맞게 꾸민 사람들을 많이 볼 수 있을 것입니다.

Walking down the street, you will find many people dressed up to the latest trend or in
a unique style.

한 턱 쏠게!
It's My Treat!

한국 사람들은 친구나 동료에게 밥값을 내주곤 합니다. 일반적으로 나이가 더 많은 사람이 동생에게 사주는 경우가 많습니다.

Korean people like buying friends and colleagues a meal.
It is a common practice that older people treat younger ones.

한국 사람들은 친구나 동료에게 밥값을 내주는 문화를 가지고 있습니다. 감사함을 표현하거나, 좋은 마음을 베풀고자 할 때 "한 턱 쏜다!"라고 하며 밥을 삽니다. 주로 나이가 많은 사람이 자신보다 어린 동생에게 사주는 경우가 많습니다. 심한 경우에는 서로 밥값을 내겠다며 싸우기도 한답니다.

Koreans like buying friends and colleagues a meal. Shouting out "it's my treat!" is a way to express their thankfulness or do others a favor. In many cases, older people treat younger ones. Sometimes they may argue and insist to pay!

Tip. 식당 계산대 앞에서 싸우는 사람들을 본다면, 걱정하지 마세요. 서로를 위하는 마음으로 자기가 밥값을 내겠다고 다투고 있는 중일 겁니다.

If you find people bickering at a cashier in a restaurant, don't panic! They are probably insisting to pay the bill to treat others.

다 함께 불러요!
Let's Sing Together!

"한국인들은 페스티벌이나 콘서트장에서
가수의 노래를 함께 부릅니다."

Koreans like singing along in a festival or concert.

좋아하는 가수의 노래를 따라 부르는 것은 즐거운 일입니다. 이를 "떼창"
이라고 부릅니다. 가수와 관객이 하나가 되어 잊을 수 없는 추억을 만듭니다.

It's great fun to sing along your favorite singer's song. Koreans like doing it
in groups, called Ttechang. It unites the singer and the audience to make
unforgettable moments.

Tip. 분위기를 잘 보고 따라 부르는 것이 좋습니다.

Live up to the mood and take part in Ttechang.

곰신과 꽃신!
Gomshin and Ggotshin!

" 한국에서는 군대 간 남자친구를 기다리는 애인을
곰신(고무신)이라고 부르고 남자가 제대할 경우
꽃신을 신는다고 합니다. "

In Korea, a girl who waits for her boyfriend doing his national service is called Gomshin (Gomushin). 'Wearing Ggotshin' means the boy finally being discharged.

고무신은 나쁜 것, 부정적인 것, 힘든 것을 의미하고 꽃신은 좋은 것, 긍정적인 것, 행복한 것을 의미합니다. 때문에 군대를 기다리는 길고 어려운 시간을 지나 꽃신을 신는다는 표현을 합니다.

Gomushin (literally means 'rubber shoes') signifies something bad, negative, and challenging. Ggotshin (literally means 'flower shoes') relates to something good, positive, and happy. They slip into the Ggotshin after a long, challenging time of waiting.

Tip. 현재 한국 군대는 휴대폰 사용이 가능하기 때문에 헤어지는 커플이 많이 줄어들었습니다.

Now they can use mobile phones in the army, meaning less couples breaking up.

사진 찍을 땐 손가락 브이!
Make a V to Take a Picture!

" **한국인들은** 사진을 찍을 때 손가락으로 V 포즈를 많이 합니다. "

Koreans often make a V with their fingers when they take a picture.

한국 사람들은 사진을 찍을 때, 두 번째 손가락과 세 번째 손가락으로 V 를 만들어 포즈를 취하곤 합니다. 서양에서 승리의 상징이었던 이 제스처 가 동아시아 전체에 들어와 유행하게 되면서, 자연스럽게 사진 찍을 때 취 하는 포즈가 되었습니다.

Koreans often make a "V" with their index and middle fingers when they take a picture. As a symbol of victory in the West, the "V" gesture became very popular in East Asia, a 'go-to' pose for photo-taking.

Tip. 요즘은 브이 포즈 말고도 (첫 번째, 두 번째 손가락을 포개어 하트를 만드는) 'K-하트' 포즈도 많이 취합니다.
A recent trend is making a 'K-heart' by crossing the thumb and the index finger.

한국의 치열한 입시 전쟁!

Fierce Competition for College Admission in Korea!

"**한국** 학생들은 학구열이 높고 입시를
위해 열심히 공부합니다." ,,

**Korean students are passionate for studying and
work very hard for college admission.**

한국은 세계 어느 나라보다 학구열이 높고 대학을 목표로 많은 학생들이
입시를 준비합니다. 학벌을 중요시하는 경향 때문에 입시를 목표로 한 경쟁
이 심해지는 것을 '입시 전쟁'이라고 표현하기도 합니다.

Korea is one of the countries that have very strong passion for studying.
Many students work hard to get into the college they want. As academic
background is considered very important, they do fierce competition for
college admission, which is often described as "admission war."

Tip. 한국의 대학 입시 방법으로는 고등학생 3년의 내신 성적을 반영하는 수시 전형, 1년에 한 번씩 보는 시험
성적을 반영하는 수능 전형이 있습니다.

Korean students are admitted to college through Susi (rolling admissions) based on their
three-year school records in high school, or Suneung (annual college entrance exam).

한국 나이? 만 나이?
Korean Age? International Age?

“한국에서는 주로 태어난 연도부터
1살이라고 생각하고 나이를 계산합니다. „

**When counting ages in Korea, a newborn baby is
one year old at birth.**

한국에는 독특한 나이 계산법이 있습니다. 태어난 연도부터 1살이라고 여기는데, 이는 이미 산모의 뱃속에서 생명이 시작된 날부터 계산하기 때문입니다. 예를 들어 2000년에 태어난 사람은 한국 나이로 2022년에는 23살입니다. 많은 나라들이 나이를 셀 때, 태어난 날부터 0살이라고 기준하여 나이를 계산하는데, 한국에서 이를 '만 나이'라고 부릅니다.

Counting ages in Korea is somewhat unique. When a baby is one year old at birth, because the days spent in the womb are counted in. For example, a person born in 2000 would be 23 years old in Korean age in 2022. In many countries, newborns are 0 year old at birth. In Korea, this counting system is Man Nai (international age).

Tip. 한국 사람들은 실제 나이보다 어리게 보이는 것을 좋다고 생각합니다. 아직 젊음이 많이 남아있다는 뜻으로 받아들이기 때문입니다.

Koreans love being told that they look younger than their age. They take it as a compliment that they stay young

홈 트레이닝!
Home Training!

" 한국 사람들은 집에서도 운동을 즐기는 것을 좋아합니다. **"**

Koreans love working out at home.

한국에는 운동을 좋아하는 사람이 많아서 '등산'을 비롯한 걷기 운동이나 '배드민턴'을 비롯한 기구를 사용하는 운동, '헬스장' 등 운동을 할 수 있는 장소가 다양합니다. 하지만 코로나-19가 심해지고 유튜브를 보는 사람들이 많아지면서 집에서 운동을 즐기는 것이 유행했습니다. 누군가가 운동 동작을 찍은 영상을 올리면, 그걸 보면서 집에서 운동을 하기도 합니다. 실내 자전거 등 집에서 운동을 할 수 있는 기구도 많습니다.

Many Koreans work out. They often go hiking, go for a walk, play badminton, and exercise at gym (called "health-jang" in Korean). With COVID-19 and increases in YouTube users, many people have turned to home training. They often watch videos of others working out and follow them at home. There are many sport gears for home training such as indoor bikes.

Tip. 쉬는 날에는 운동을 하면서 체력을 관리합시다.

On your days off, exercise to stay fit!

인생 네컷!
Life4cuts!

쉽고 빠르게 사진을 뽑아볼 수 있는 기계가 있습니다. ""

A quick and easy way to take pictures and get them printed.

맛있는 음식을 먹거나 예쁜 장소에 갔을 때 '인증샷'을 찍는 것은 한국인들이 가장 좋아하는 행동 중 하나입니다. 또 무엇이든지 빨리 내 손에 받아보는 것을 좋아하기 때문에, 자연스럽게 방금 찍은 사진을 바로 받을 수 있는 기계가 유행하게 되었습니다. 주로 사람이 많은 번화가에 있으며, '인생네컷', '셀픽스', '포토이즘' 등 다양한 이름으로 만나볼 수 있습니다. 요즘에는 기계여러 개를 모아 사진만 찍을 수 있는 전문 가게처럼 구성된 곳도 있습니다.

One of Koreans' favorite things is taking a picture as a record of eating a delicious food or visiting a nice place. We call it Injeung-shot (proof-shot). They also like having everything handy instantly, which explains the popularity of machines to take pictures and get them printed instantly. These shops are mostly on crowded main streets, and famous brands include "Life4cuts," "Selfix," and "Photoism." There also are specialist shops that have many brands' machines for instant pictures.

Tip. 가족이나 동료들과 함께 사진을 찍으며 추억을 남겨보는 것은 어떨까요?

Why don't you take instant pictures with your family and colleagues and build good memories?

인생샷을 *찍어봅시다!*
Take the Best-ever Picture of Your Day!

> **한국** 사람들은 모르는 사람이 부탁해도 사진을 잘 찍어줍니다.

Koreans go into overdrive when asked to take a picture from a stranger.

가장 잘 나온 사진을 뜻하는 인생샷은 영어로 'Picture of the day'라고 합니다. 한국 사람들은 이 인생샷을 찍는 걸 굉장히 좋아합니다. '남는 건 사진밖에 없다'라는 말도 있듯이 추억을 오래 간직하고자 합니다. 그래서 모르는 사람이 사진을 부탁해도 대부분 열심히 찍어주려고 합니다.

In English, the "picture of the day" means a picture particularly likable. Koreans really love taking "pictures of the day." They often say "pictures are the only things to remain." As they like to have long-cherishable memories, they often go into overdrive when strangers ask them to take a picture for them.

Tip. 멋진 배경이 있는 곳에서 '혹시 사진 좀 찍어주시겠어요?'라고 물어보세요. 아마 대부분은 기꺼이 멋진 사진을 찍어줄 것입니다.

When you find a great spot, don't hesitate to ask someone "could you please take a picture of me?" Most of them would be more than happy to make the picture of the day for you.

카페 공부 문화!
Study at Cafes!

> **"한국의** 카페에 들어가 보면 대화를 나누는 것과 비슷한 비율로 공부하는 사람들이 있습니다. **"**

In a cafe in Korea, you will find people studying as many as those talking.

도서관이나 독서실은 너무 조용하다는 이유로 생활 소음이 존재하는 카페에서 공부하는 사람들이 많습니다. 사람이 많아 시끄러울 땐 각자 이어폰이나 헤드셋으로 노래를 들으며 각자의 일에 집중합니다. 여름엔 시원하고 겨울엔 따뜻하며 24시로 운영되는 곳도 있다 보니 밤샘 업무를 볼 때도 집보다 카페에서 공부하는 걸 선호하기도 합니다. 카페에선 다양한 베이커리나 디저트를 판매하기 때문에 배가 고파지면 이런 스낵류를 함께 주문하여 식사를 해결하기도 합니다.

Sometimes people find libraries and reading rooms too quiet. They often study at a cafe with some living noises. Then it is too noisy, they listen to music from earphones and headsets to stay focused. Cafes are cool in summer, warm in winter, and often open 24 hours a day. Many people prefer studying through the night at a cafe than home. Cafes serve snacks and desserts, so they get a light meal when they are hungry.

Tip. 대학생들의 시험 기간에는 카페에서 자리 잡기가 매우 어렵습니다. 노트북이나 휴대폰을 충전시킬 수 있는 콘센트가 있는 좌석은 더더욱 사람이 붐비기 때문에 꼭 카페에서 업무를 봐야 한다면 아침부터 카페에 가는 걸 추천합니다.

It is hard to find a table in a cafe during college students' exam periods. Seats with power outlets to charge laptops and mobile phones are most popular. If you need to work at a cafe, you'd better go early in the morning.

방 안에서 *신발 벗기!*
Take Off Your Shoes Indoors!

"한국은 방 안에서 신발을 신지 않아요."

We take off shoes indoors.

한국은 오랜 옛날부터 아궁이에 불을 때 방바닥을 따뜻하게 하는 온돌 문화가 발달했습니다. 그래서 방 안에서는 신발을 벗고 생활합니다. 바깥에서 신던 신발을 그대로 신고 집에 들어가는 것은 곤란합니다. 현관에 신발을 가지런히 벗어두고 집 안으로 들어가야 합니다.

Korea has the tradition of Ondol culture, a floor heating system using the heat from the kitchen fireplace. So Korean people take off their shoes indoors. It's not right to walk inside with your shoes on. Take off your shoes, leave them at the entrance and walk inside.

Tip. 맨발이 어색하다면 방 안에서 신는 실내화를 신어도 좋습니다.

If you feel uncomfortable going with bare foot, you may slip into indoor slippers.

야외 나들이!
Let's Go Outdoors!

"날씨가 좋을 땐 공원에서 나들이를 즐겨도 좋습니다."

On a fine day, go on a picnic in a park.

날씨가 화창할 때 한강공원을 찾아가 봅시다. 많은 사람들이 잔디밭에 돗자리를 깔고 맛있는 음식을 먹으며 여유를 즐깁니다. 도시락을 먹거나 배달음식을 시켜 먹을 수도 있습니다. 특히 날씨가 좋은 주말에는 사람이 많이 붐비니 유념해야 합니다.

On a fine day, visit Hangang Park. You will see many people sitting on a mat on a grass field, relaxing and enjoying food. You may bring hampers with you, or have some food delivered. Parks can be crowded on fine weekends.

Tip. 술을 많이 먹고 소란을 피우거나 지정된 장소 외에서 담배를 피우면 안됩니다.
Do not drink too much, make a fuss, or smoke outside a smoking area.

꼭 챙겨야 할 비상 상비약!
Must-Have Medicines for Your Home!

" 병원이나 약국이 문을 닫았을 땐 편의점에서도 약을 살 수 있습니다. **"**

When clinics and pharmacies are closed, you can buy pills at convenience stores.

늦은 밤이나 주말에 몸이 아프면 병원에 갈 수 없어 곤란해지곤 합니다. 열이 나거나 몸이 아파 약이 필요할 때 가까운 편의점에 가면 해열제, 진통제, 소화제 같은 비상 상비약을 살 수 있습니다. 아무 때나 간편하게 살 수 있지만 약의 종류가 많지 않으니 몸이 많이 아플 땐 병원에 가야 합니다.

You may feel troubled when you feel unwell at night or on weekends when clinics are closed. When you have fever or feel unwell, you can buy household medicines from a convenience store such as fever remedies, painkillers, and digestives. They are readily available at any time but only a limited selection of medicines are available. Go see a doctor when you are badly ill.

Tip. 하지만 가장 좋은 방법은 평소에 미리 약을 사두는 것입니다.

The wise move is to get prepared and buy essential medicines beforehand.

저렴한 병원비!
Affordable Healthcare Services!

“ **한국은** 의료보험 제도가 잘 마련되어 있습니다. „

Korea has a well-developed healthcare insurance system.

외국인도 건강보험에 가입하면 한국의 의료 복지 혜택을 받을 수 있습니다. 그래서 저렴한 가격으로 질 좋은 치료를 받고 약을 처방받을 수 있습니다. 병원은 평일 저녁까지, 주말은 토요일 오전까지 열며 일요일과 공휴일에는 거의 진료하지 않습니다.

International residents can benefit from the Korean healthcare welfare programs by signing up for the public health insurance. Quality treatments and prescriptions are available at affordable prices. Clinics usually open until evening hours on weekdays and noon on Saturdays. They are mostly closed on Sundays and public holidays.

Tip. 몸이 좋지 않을 때 적절한 치료를 받고 휴식을 취하는 것이 가장 중요합니다.

When you feel unwell, the most important thing is to get treated and have some rest.

한국인의 마음은 밥심에서부터!
Koreans Are Powered by Rice!

“ 한국인은 '밥'과 관련하여서는 아낌없이 줍니다. ”

Koreans are so generous about meals.

한국은 밥과 관련하여 '다음에 밥 한번 먹지', '밥은 먹었니?'와 같은 인사 말이 많습니다. 또한 형편이 어려워 밥을 굶고 있다고 한다면 돈을 받지 않고도 밥을 챙겨주거나, 음식을 많이 만들어 이웃들에게 나눠주는 등 밥과 관련하여 다른 사람과 나누고 함께 먹는 것을 좋아합니다. 이러한 이유로 한국의 식당에서는 반찬과 물이 무료로 제공됩니다. 반찬과 함께 가게에서 판매하는 음식을 즐겼으면 하는 마음이기 때문입니다.

Koreans often say "let's eat together one day," or "have you eaten?" as their way of greetings. They would be more than happy to buy someone in need meals and make dishes in big portions to share with neighbors. For this reason, side dishes and water are free in Korean restaurants. It is coming from their heart, wishing that you would better enjoy the meal with the complimentary side dishes.

Tip. 아낌없이 퍼주는 밥, 맛있게 골고루 먹어봅시다!

Rice is generously served for you to enjoy!

한식!
Hansik!

"한식은 밥과 계절에 따른 다양한 식재료들을
이용한 음식들로 다채롭게 이루어져 있습니다."

**Hansik features a variety of dishes made from rice and
many different seasonal ingredients**

과거에 벼농사를 많이 지었기 때문에 밥을 주식으로 하고 밥과 반찬
들을 같이 먹습니다. 사계절 동안 다양한 식재료들이 재배되어 계절마
다 색다른 음식을 즐길 수 있으며 김치나 고추장, 된장 등과 같은 발효
한 음식이 많습니다.

Koreans did a lot of rice farming, so rice is their staple, served with side dishes.
Various food ingredients are produced all seasons long. There are many differ-
ent dishes in each season, and there also are many fermented foods such as
Kimchi, Gochujang (red pepper paste), and Doenjang (soybean paste).

Tip. 드라마에 나온 한식을 먹어 보세요! 한식을 처음 먹어본다면 여러 가지 채소들과 밥을 섞어 먹는
비빔밥을 추천합니다!

Try Hansik (Korean food) featured in Korean dramas! If you haven't tried Hansik before,
you may want to start with Bibimbap (rice mixed with assorted vegetables).

김장!
Kimjang!

"한국의 대표 음식 김치를 많이 만드는 날입니다."

On Kimjang Day, Koreans make Kimchi for the year.

한국의 대표 음식 김치는 아주 오래전부터 전해내려오는 음식입니다. 사계절이 뚜렷하고 농사를 짓는 한국의 특성상 겨울에는 농사를 지을 수 없어 먹을 것이 부족해집니다. 그래서 추운 겨울 동안 먹을 많은 양의 김치를 온 가족이 함께 담그는 것을 김장이라고 하는데 지역마다 조금씩 다른 개성 있는 김치의 모습을 보여줍니다.

As one of the most famous Korean foods, Kimchi has a long history. As there are four distinct seasons, it is too cold to farm in winter, meaning food shortages. So many families make Kimchi in large portions for wintering, which is called Kimjang. Different regions have different types of Kimchi.

Tip. 지역마다 김치의 특색이 다르므로 여러 가지 김치를 먹어보는 것 또한 재미있을 것입니다.

Different regions have different types of Kimchi. Find and try many different types of Kimchi!

K-디저트는 볶음밥!
K-Dessert - Bokeumbap!

"한식의 마무리는 볶음밥입니다. "

A Hansik meal is perfected with Bokeumbap.

한국음식인 삼겹살, 곱창, 떡볶이, 감자탕, 닭갈비 등의 요리를 먹으면 마지막에 밥을 볶아먹습니다. 꼭 그래야 한다고 정해져 있는 것은 아니지만 자연스레 생겨난 음식 문화입니다. 당연하게 여기기도 해서 K-디저트는 볶음밥이라며 우스갯소리를 하기도 합니다.

When you have Korean food such as Samgyeopsal (pork belly), Gopchang (pork/beef intestine), Tteokbokki (stir-fried rice cake), Gamjatang (pork bone stew), or Dakgalbi (stir-fried chicken), you will end up finishing your meal with Bokeumbap (fried rice). It's not a rule, but more of a natural custom. Many take having Bokeumbap at the end of a meal for granted or as a must-do, we often joke that Bokeumbap is a Korean dessert.

Tip. 국물이 있는 음식도, 없는 음식도 음식점 메뉴판에 볶음밥이 있다면 도전해 보십시오.

It doesn't matter if the dish has broth in it or not. If you see "Bokeumbap" on menu, why not try?

한국의 배달문화!
Delivery Culture in Korea!

"한국은 다양한 분야에서 배달 서비스를 제공합니다. **"**

In Korea, delivery services are available in many areas.

한국에서는 음식뿐만 아니라 세탁소에 맡긴 세탁물, 택배, 마트에서 산 물품 등 여러 분야에서 배달 서비스를 제공하고 있습니다. 빠름의 민족이라는 별명답게 음식의 경우 대개 20~30분 이내에 도착하며, 물품들 역시 하루 이틀 이내로 도착합니다.

In Korea, you can have almost everything delivered – from food to laundry, parcels, and grocery items from supermarkets. Living up to the nickname "Bbali-bbali people," meals are delivered in 20-30 minutes, and parcels in one day or two.

Tip. 밖에 외출하기 힘들 때는 배달 서비스를 이용해 봅시다!

Use delivery services when it's not the best time to go out.

최고의 조합은 치킨에 맥주 '치맥'!
Chicken + Beer Is the Best Combination!

> **각 음식에 어울리는 술이 있고, 그중 최고의 조합은 치킨에 맥주입니다.**

Certain dishes go well with certain drinks. The best deal is the combination of chicken and beer.

술을 좋아하는 사람들은 음식에 잘 어울리는 술을 먹고는 합니다. 스테이크에 와인, 전에 막걸리, 피자에 맥주, 치킨에 맥주, 회에 소주 등 각 음식에 어울리는 조합을 찾아가며 먹습니다. 그중 치킨과 맥주는 누구든 인정하는 최고의 조합으로 여겨집니다. 이름 그대로 닭 요리이며 닭을 밀가루에 튀기는 음식입니다. 매우 다양한 양념들과 조리 방법이 존재하고 축구 경기와 같은 운동 경기가 있을 땐 꼭 이 조합으로 음식을 먹고는 합니다.

Those who love to drink often choose specific drinks for specific dishes. For example, wine for steaks, Makgeoli (rice wine) for Korean pancakes, beer for pizzas and fried chicken, and Soju for raw fish. But no one can deny that fried chicken and beer are the heavenly combination. As the name says it all, fried chicken – we normally call it just 'chicken' - is made by frying flour-battered chicken in oil. There are many different seasonings and cooking techniques. No sport game watching time is complete without chicken.

Tip. 배달음식으로 가장 인기가 많은 음식으로 운동 경기를 보며 치킨을 시켜 먹을 땐 주문량이 많아 배달이 늦게 오니 평소보다 미리 주문하는 것이 좋습니다.

Chicken is one of the most popular dishes delivered. Expect heavy orders for chicken when there is a big sport event. Make sure you order it well ahead of time!

한국의 반찬 문화!
Banchan Culture in Korea!

"한국 식당에서는 주문하지 않은 음식이 나올 수도 있습니다. 이것은 반찬으로 주로 김치, 나물 등이 작은 접시에 나오는 것입니다."

In Korean restaurants, you will often see dishes you didn't order being served. Called Banchan, these are side dishes in small portions such as Kimchi and seasoned vegetables.

반찬은 밥에 곁들여 먹는 음식으로 한국인들은 본식 외에 반찬을 함께 먹습니다. 그래서 식당에서도 시키지 않은 음식들이 본식 이전에 먼저 나올 수 있습니다.

Banchan means dishes that go with rice. Korean people eat Banchan with rice. That's why you often see side dishes served before the dish you ordered.

Tip. 반찬을 추가할 경우 추가금이 붙는 경우가 있으니 주의해야 합니다.
They may charge some extra costs for additional Banchan.

한국의 국물요리 문화!
Soup and Broth Dishes in Korea!

"한국인은 채소, 고기, 생선 등이 들어간 국물이 많은 음식과 함께 밥 먹는 것을 좋아합니다. **"**

Koreans love having soupy, brothy dishes made from vegetables, meat, or fish.

한국인은 대다수의 식사 자리에서 국물요리와 함께 합니다. 한국의 국물요리는 재료와 조리방법에 따라 크게 국, 탕, 찌개, 전골 등 네 종류로 나뉩니다. 또한 국에다 밥을 말아먹는 '국밥'과 차갑게 먹는 '냉국' 역시 인기 있는 국물요리입니다. 국물요리는 식사할 때뿐만 아니라 술자리에서도 인기 있습니다. 또한 한국에서는 생일날엔 미역국, 설에는 떡국, 추석에는 토란국, 결혼식에서는 갈비탕과 잔치국수와 같이 특별한 행사에 축하와 기념의 의미로 국물요리와 함께 밥을 먹습니다.

Soups or broths are found from most Korean meals. Soupy dishes in Korea are largely divided into four types depending on ingredients and cooking methods – Guk (soup), Tang (thicker and saltier soup), Jjigae (stew), and Jeongol (stew with less liquid and more solid ingredients). Also popular are Gukbap (rice in soup), and Naengguk (cold soup). Soupy dishes are popular not only for meals but also for drinks. Different types of soups are served on different occasions as a way of celebration and commemoration, for example Miyeokguk (seaweed soup) on birthdays, Tteokguk (rice cake soup) on New Year, Toranguk (taro soup) on Chuseok, and Galbitang (beef rib soup) and Janchi Guksu (festive noodles) on wedding.

Tip. 더운 여름, 시원한 냉국도 좋지만 따뜻한 국물과 함께 든든하게 배를 채워봅시다!

You may crave for cold soups on a hot summer day. But why not fill your hunger with heart-warming soup?

한국의 '쌈'요리!
Ssam Dishes in Korea!

> **"한국인들은 큰 잎채소에 여러 음식을 담고 싸서 먹는 것을 좋아합니다."**
>
> Koreans love Ssam – different ingredients wrapped in large leaf vegetables.

한국의 전통 먹거리인 쌈은 채소에 고기와 밥, 양념을 올려 먹는 건강식입니다. 상추, 깻잎, 배추와 같은 잎채소뿐만 아니라 다시마, 미역 등의 해조류도 쌈의 한 종류로 여겨지며, 고기쌈, 보쌈과 회에도 쌈을 싸서 먹을 만큼 사랑받고 있는 음식 문화입니다. 한국에서는 서로 쌈을 싸 먹여주면서 친밀감과 애정을 표현하기도 합니다.

Ssam is a traditional Korean dish – meat, rice, and condiments wrapped in vegetables. You can use many different wrappers to make Ssam – leaf vegetables such as lettuce, perilla leaves, and Asian cabbage, and marine plants such as kelp and seaweed. You can also wrap almost everything – whether it be grilled meat, boiled meat, or raw fish. Making Ssam and feeding others is Koreans' way of expressing affection.

Tip. 한국만의 특별한 쌈 요리, 채소 위에 다양한 반찬을 함께 올려 먹어봅시다!

Ssam is a unique Korean dish. Wrap different ingredients in vegetables!

한국의 대표적인 발효식품 '젓갈'!
Jeotgal – Famous Fermented Food in Korea!

" 젓갈은 해산물을 소금과 양념 등에 절여 만든 반찬입니다. **"**

Jeotgal is side dishes made from salted and seasoned seafood.

한국은 삼면이 바다에 둘러싸여 있어 해산물 자원이 풍부합니다. 이 때문에 물고기를 많이 잡아 소금에 절여 저장하였고, 이후 조개, 새우, 굴 등의 음식을 소금과 양념에 절여 발효시킨 '젓갈'이라는 반찬이 생겼습니다. 젓갈은 다른 음식의 소스가 되거나, 밥 위에 함께 올려먹는 반찬으로 많은 사랑을 받고 있는 음식입니다. 젓갈은 각 지역마다 양념에 첨가하는 내용물이 달라 맛이 다릅니다.

Korea is surrounded by seas on three sides, meaning there are ample seafood resources. Koreans used to catch fish and salt them to preserve, which was the origin of Jeotgal, salted and seasoned seafood such as clams, shrimps, and oysters. Jeotgal is used as sauces for other dishes or eaten as side dishes that go well with rice. Different regions have different ingredients to season Jeotgal, meaning many different flavors.

Tip. 한국인의 밥상에서 자주 볼 수 있는 대표적인 반찬 젓갈, 고기에 쌈을 싸서 먹거나 밥 위에 올려서 먹어봅시다!
Jeotgal is one of the most common side dishes in Korean cuisine. Add Jeotgal when you make Ssam with grilled meat, or simply serve over rice.

새참!
Saecham!

"일을 하다가 잠시 쉬는 동안에
먹는 음식을 새참이라 부릅니다.**"**

Saecham means a light meal eaten
in work breaks.

새참은 사이참의 준말로 육체노동이 심한 노동자나 농번기의 농
부들은 하루 3끼의 식사 외에 한두 번의 식사를 더합니다.

Saecham is a shortened word for Saicham. Blue collar workers and
farmers often had one or two extra meals, or Saecham, in addition to
their three regular meals of the day.

Tip. 현대 한국의 도시에서는 새참을 잘 볼 수 없지만 농촌에서는 아직 새참 문화가 남아 있습니다.
Modern urban workers in Korea no longer have Saecham, but the Saecham culture still
remains in farm villages.

맛도 좋고 몸에도 좋은 제철 과일 즐기기!

Good for Your Buds,
Good for Your Health: Seasonal Fruits!

"한국에는 계절 환경에 맞게 자라는 제철과일이 있습니다. 봄, 여름, 가을, 겨울 대표적인 제철 과일로는 각각 딸기, 수박, 감, 귤 등이 있습니다. "

There are many different seasonal fruits in Korea. The most popular seasonal fruits in spring, summer, fall, and winter are strawberries, watermelons, persimmons, and tangerines.

제철 과일은 계절 환경에 맞게 자라는 과일이기 때문에, 영양소가 높고 맛이 더 좋습니다. 봄에는 딸기, 참외 등을, 여름엔 수박, 복숭아 등을, 가을엔 감, 사과, 배 등을, 겨울엔 귤 등을 제철 과일로 먹습니다. 현대에는 재배 방법이 발전하면서 사계절 내내 원하는 과일을 먹을 수 있지만, 제철 과일을 먹으면 몸을 건강하게 할 수 있고 계절도 함께 느낄 수 있습니다.

Fruits in season are more nutritious and more delicious. Popular seasonal fruits include strawberries and Chamoe (Korean melon) in spring, watermelons and peaches in summer, persimmons, apples, and pears in fall, and tangerines in winter. Thanks to advanced farming techniques, now all fruits are produced all seasons long, but eating seasonal fruits is the best way to nourish yourself and feel the season's vibe.

Tip. 더운 여름엔 여름 제철과일인 수박으로 수분 보충을, 추운 겨울엔 따뜻한 이불 아래서 귤을 쏙쏙 까서 먹는 재미를 느껴보세요.!

In hot summer, keep yourself hydrated with watermelons. In cold winter, snug down under blankets and eat some tangerines.

포장마차에서 간단하게 먹고 마셔보기!

Pojangmacha for a Light Meal and Drinks!

"**한국의** 포장마차에서는 주로 밤에
길거리 음식이나 술 등을 즐길 수 있습니다. "

**At night, stop by a Pojangmacha for street
food and drinks.**

'포차'라고 불리기도 하는 한국의 포장마차는, 한국에서 천막을 친 마차
모양의 노점입니다. 포장마차에서는 떡볶이, 어묵, 붕어빵, 닭꼬치, 호떡 등
의 간단한 길거리 음식을 팔거나, 술과 안주를 팔기도 합니다. 주로 밤에
간단히 먹을거나 술을 먹고 마십니다.

Called "Pocha" in short, Pojangmacha means a wrapped wagon on street
that serves light meals such as Tteokbokki (stir-fried rice cake), Eomuk (fish
cake), Bungeobbang (fish-shaped bun), Dakggochi (chicken skewer), and
Hotteok (sugar-stuffed pancake), drinks, and snacks. People stop by a Po-
jangmacha a late-night meal or drinks.

Tip. 포장마차에서 음식을 먹을 때는, 주문을 한 후 음식을 다 먹고 직접 계산합니다. 카드 결제가 되지 않는
곳도 많기 때문에, 현금을 준비하는 것이 좋습니다.

At Pojangmacha, you normally order first, eat, and then pay. Many of them do not accept
cards, so you'd better have some cash handy.

고속도로에서는 휴게소를 들러요!
Stop by a Service Area on Highway!

" 한국에서는 휴식과 식사 등을 위해 고속도로
휴게소를 이용하며, 대표적인 휴게소 간식도 있습니다. "

Koreans take a break and have meals at service areas on highway.
There are famous snacks sold at service areas.

한국에는 운전자와 동승자의 휴식 및 편의시설 이용과 식사 등 개인적
인 용무 해결 등을 위해 고속도로 중간 중간에 휴게소가 있습니다. 특히
오랜 시간 운전을 해야 할 때 휴게소에 잠시 들르는 경우가 많습니다. 한국
사람들이 많이 먹는 대표적인 휴게소 간식으로는 통감자, 소떡소떡 등이
있습니다.

In Korea, there are service areas on highway where drivers and passen-
gers can take a break, use amenities, and have meals. People often use
service areas during a long trip. Famous snacks sold at service areas in
Korea include roasted whole potatoes and Sotteok-Sotteok (sausage and
rice cake skewers).

Tip. 고속도로를 따라 운전을 할 때, 휴게소에 들러 잠시 휴식을 취하거나 휴게소 간식을 즐겨보는 것도 좋습니다.

When you drive on a highway, stop by a service area to take a break and enjoy some snacks!

수납공간이 많은 한국의 식당!

So Many Storages in Restaurants in Korea!

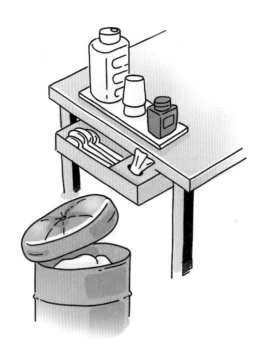

❝효율성을 중요시 여기는 한국의 식당에서는
수납공간이 많은 식탁과 의자가 특징입니다.**❞**

Restaurants in Korea value efficiency.
Tables and chairs often have many storages.

한국의 식당에서는 대개 식탁 밑에 숟가락과 젓가락, 휴지 등을 수납할 수 있게 되어 있습니다. 숟가락과 젓가락은 수저통에 담겨 있어 어른과 식사할 때는 먼저 숟가락과 젓가락을 배치해두면 좋습니다. 또한 원통형식의 의자 뚜껑을 열어 음식 냄새가 배지 않게 옷을 수납할 수 있도록 가구가 배치되어 있습니다. 특히 고깃집에 있는 동그란 원판을 열면 고기를 구울 수 있는 불판이 수납되어 있습니다!

In restaurants in Korea, tables are usually designed to store spoons, chopsticks, and napkins underneath. Spoons and chopsticks are stored in a container. It is etiquette that you arrange the spoon and chopsticks for people older than you. If you find stools that look like a barrel, they are likely to be designed to open the lid to store your clothes. In a BBQ place, you can find grill plans when you open the round disc-like plate.

Tip. 수납공간이 많은 식탁의 옆이나 끝엔 식당에서 종업원을 부를 수 있는 '벨'이 붙어 있습니다! 벨을 눌러서 주문해 봅시다!

Tables do not only have storages. On the edge or side of the table, there is a 'bell' to call your server. Simply push the bell to order!

식당 무한리필 문화!
Free Refills at Restaurants!

> **한국의 지형은** 원하는 만큼 음식을 먹을 수 있는 무한리필 식당들이 많습니다. 무한리필 식당이 아니더라도 반찬을 원하는 만큼 리필해서 먹을 수 있는 곳이 많습니다. **"**

In Korea, there are many all-you-can-eat restaurants. In other places, they often get you side dishes as much as you want.

한국엔 일정 값을 내면 무한리필로 음식을 먹을 수 있는 식당이 많습니다. 내가 먹고 싶은 만큼 음식을 가져와서 먹는 것입니다. 한식, 중식, 양식부터 고기까지 그 종류도 다양합니다. 무한리필 식당이 아닌 곳도 반찬을 더 먹고 싶다고 말씀드리면 얼마든지 더 먹을 수 있는 곳이 아주 많습니다.

In Korea, there are many all-you-can-eat restaurants where you can eat as much as you want at a fixed price. You can take food on your place as many times as you want and as much as you want. There are many types of these restaurants from Korean to Chinese, Western, and BBQ. Even when you eat in a non-all-you-can-eat restaurant, they would normally get you side dishes as much as you want.

Tip. 내가 사는 곳 주변에는 어떤 무한리필 식당이 있는지 찾아봅시다!
Find all-you-can-eat places near you!

등산을 마친 후 막걸리를 마셔요!
Have Makgeolli after Hiking!

> **한국에서는 등산을 마치고 나면 막걸리와 함께 파전, 도토리묵 등을 먹습니다.**

Koreans like to have Makgeolli with Pajeon and Dotorimuk after hiking.

한국 사람들은 등산을 마치고 내려오면, 막걸리와 함께 파전이나 도토리묵 등을 먹곤 합니다. 막걸리는 쌀이 주성분이기 때문에 소진된 탄수화물을 보충해 줄 수 있고, 갈증을 해소해 주기 때문에 산을 내려온 후에 먹기에 제격입니다. 막걸리와 궁합이 좋은 대표적인 음식인 파전과 도토리묵을 곁들이는 것이 일반적입니다.

After climbing or hiking, Koreans love having Makgeolli (rice wine) with Pajeon (green onion pancake) and Dotorimuk (acorn jello). Made from rice, Makgeolli replenish carbohydrates and quench your post-hiking thirst. Makgeolli usually goes very well with Pajeon and Dotorimuk.

Tip. 등산을 다 마친 후에 먹는 막걸리는 괜찮지만, 등산 중에는 산행 사고 위험이 있어 술은 절대 먹지 말아야 합니다.

You may have Makgeolli when you have come down, but you never drink when you are still in the mountain. There are risks for accidents!

아기를 낳은 후나 생일날에는 미역국을 먹어요!

Have Miyeokguk after Delivery or on Birthday!

한국에서는 아기를 낳고 난 후 약 3주간 미역국을 먹는 풍습이 있습니다. 오늘날에는 낳아주신 어머니께 감사하는 마음으로 생일날 미역국을 먹습니다. "

It is a Korean tradition to have Miyeokguk for three weeks after childbirth. Today we eat Miyeokguk on birthday as a way to say 'thank you' to mother.

한국에서는 산모가 아기를 낳고 나서 미역국을 먹곤 합니다. 미역에는 출산 후 산모의 변화된 몸에 도움을 주는 영양소가 많으며, 자극이 적기 때문에, 아기를 낳고 영양이 부족한 산모에게 도움을 줍니다. 미역국을 먹는 풍습은 조선시대부터 이어져 내려온 전통으로, 현대에 와서는 낳아주고 길러준 어머니에 대한 은혜를 잊지 않고 감사한다는 의미에서 생일날 미역국을 먹기도 합니다.

In Korea, moms eat Miyeokguk (seaweed soup) after delivery. Miyeok is rich in nutrients that help moms recover. It is also plain and bland and nourishes them after childbirth. Eating Miyeokguk is an old tradition started in the Joseon period. Today, Koreans often eat Miyeokguk as a way to thank and honor mothers for their efforts.

Tip. 미역국은 맛도, 영양도 좋은 음식입니다. 생일이 되면, 미역국을 먹으면서 부모님의 은혜에 감사하는 마음을 가져 보는 것도 좋습니다.

Miyeokguk is nutritious and takes good. On your birthday, try Miyeokguk and express your thankfulness to your parents!

한국의 복날 문화!
Boknal in Korea!

"한국인들은 복날에 보양식을 든든하게 챙겨 먹습니다."

On Boknal, Koreans eat energy-boosting food.

가장 더운 계절인 여름, 한국에는 초복, 중복, 말복이라는 이름의 세 가지 복날이 있습니다. 여름 더위에 입맛이 떨어지고 건강을 해치는 것을 막기 위해서 한국인들은 보양식을 먹습니다. 한국인들이 자주 먹는 여름 보양식에는 삼계탕, 장어 등이 있습니다. 보양식의 재료는 다양한 고기와 채소로, 풍부한 영양소를 가지고 있어 몸보신에 도움이 됩니다.

In the hot summer season, Koreans celebrate three Boknal days – Chobok, Jungbok, and Malbok. On these days, they eat energy-boosting food that helps them restore their appetite and stay healthy. The most popular summer energy-boosters include Samgyetang (chicken and ginseng soup) and Jangeo (eel). Energy-boosting dishes are made from different kinds of meat and vegetables that help nourish and invigorate.

Tip. 여름 더위를 이겨내기 위해서 한국의 보양식을 챙겨 먹어 봅시다.

Stand the summer heat by eating energy-boosting Korean food!

아플 때 죽을 먹는 문화!
Have Porridge When You're Unwell!

"한국에선 병에 걸리거나 몸이 좋지 않을 때 흰쌀에 물을 많이 붓고 끓인 죽을 먹습니다. 옛 조상 때부터 이어져 온 한국의 전통음식문화입니다."

Koreans eat Juk, white rice porridge, when they are ill or feel unwell. It's a long tradition handed down from their ancestors.

밥을 지을 때보다 물을 많이 넣어 만드는 죽은 소화가 잘 되기 때문에 아플 때 밥 대신 먹기 좋습니다. 전복이나 닭고기 등 여러 재료를 넣어 먹기도 합니다. 몸이 많이 안 좋을 때는 다른 재료를 넣지 않고 쌀만 넣어서 흰죽을 끓이기도 합니다.

When making Juk, they put more water than they would normally cook rice. So Juk is easier to digest and often substitutes for Bap (cooked rice). It may have abalone, chicken, or other ingredients in it. When you feel very unwell, you would normally eat plain white rice porridge.

Tip. 원하는 재료를 넣어 죽을 직접 만들어 봅시다!

Make yourself your own Juk with your favorite ingredients!

한국의 지역 특산 과일!
Regional Speciality Fruits in Korea!

"한국은 지역 별로 생산되는 과일의 종류가 다릅니다. **"**

Different regions produce different fruits in Korea.

한국은 세로로 긴 모양으로 뻗어 있어서 계절, 지역 별로 생산되는 과일의 종류가 다릅니다. 북부에는 사과와 복숭아가 자라고, 중부에는 포도가 자랍니다. 가장 남쪽에 있는 제주도에서는 귤과 한라봉 등이 많이 자라고, 심지어 열대과일도 자랍니다. 겨울에는 하우스에서 재배한 딸기가 유명합니다.

Korea stretches long from the north to the south. For this reason, different regions produce different fruits in different seasons. In northern regions, they grow apples and peaches, and grapes in the central regions. Jeju Island, the southermost part of Korea, is the famous producer of tangerines and Hallabong (native citrus fruit in Jeju), and they also grow tropical fruits. One of the most popular winter fruits is strawberries grown in greenhouses.

Tip. 한국에서 자라는 다양한 지역 특선 과일을 찾아 먹어 봅시다.

Find and try different regional speciality fruits in Korea.

날씨에 따른 음식 문화!
This Food for This Weather!

"비 오는 날엔 '전'이라는 음식을 만들어 먹는 문화가 있습니다. 외국의 피자 같은 음식으로 다양한 재료로 만들 수 있는 쉬운 음식입니다. "

On a rainy day, Koreans cook Jeon. Often dubbed as a Korean version of pizza, it's easy to make with many different ingredients.

비가 바닥에 떨어질 때 나는 '타닥타닥' 소리가 전을 요리할 때 나는 소리와 비슷해 생긴 문화입니다. 가장 기본적으로 김치전, 감자전, 부추전, 해물파전이 있고 이 외에도 들어가는 재료에 따라 다양한 종류의 전이 있습니다. 막걸리라는 한국 술이 이 음식과 잘 어울립니다.

The sound of Jeon (Korean pancake) sizzling is similar with the sound of raindrops hitting the ground. That's why Koreans eat Jeon on a rainy day. The most common types of Jeon include Kimchi Jeon (Kimchi pancake), Gamja Jeon (potato pancake), Buchu Jeon (chive pancake), and Haemul Pajeon (seafood and green onion pancake), but you can use any ingredients you want. Jeon goes really well with Korean rice wine, Makgeolli.

Tip. 비 오는 날 전집을 가려면 해가 지기 전에 가야 할 정도로 인기가 많습니다. 요리 방법이 쉬우니 직접 요리해 봐도 좋을 것입니다.

When it's raining, everyone craves for Jeon so you'd better arrive in a Jeon place before the Sun sets. It's a easy-to-make dish, so why not make your own Jeon?

비 오는 날에 먹는 것!
Eat This on a Rainy Day!

"한국 사람들은 비 오는 날이면 빗소리와
비슷한 소리가 나는 음식을 먹습니다. "

Koreans love eating dishes that sound like raindrops.

한국 사람들은 삼겹살을 굽는 소리와 파전을 굽는 소리가 비 오는 소리와 비슷하다고 생각합니다. 그래서 비 오는 날이면 삼겹살을 구워 먹거나 파전을 구워 한국 전통 술인 막걸리와 곁들여 먹습니다.

Koreans think the sound of Samgyeopsal (pork belly) and Pajeon (green onion pancake) sizzling is similar with raindrops hitting the ground. That's why they love eating Samgyeopsal or Pajeon with Makgeolli (traditional Korean rice wine) on a rainy day.

Tip. 비가 온다면 삼겹살을 먹으러 가는 것은 어떨까요?

When it's raining, why don't you go eat Samgyeopsal?

이열치열 문화!
Fight Fire with Fire!

"한국인들은 더운 여름에 뜨거운 보양식인 삼계탕을 먹는 이열치열 문화가 있습니다." ❞

Koreans survive hot summer by eating a piping-hot energy-boosting dish, Samgyetang.

한국인들은 더운 여름에 뜨거운 음식, 그중에서도 대표적으로 끓인 닭 요리인 삼계탕을 먹는 음식 문화가 있습니다. 뜨겁고 영양이 풍부한 보양식인 삼계탕은 기운을 잃기 쉬운 더운 여름에 영양을 더해주고 몸의 온도를 조절해 주는 역할을 합니다.

In the hot summer season, Koreans eat piping-hot food. The most common is Samgyetang (ginseng and chicken soup). As a warming and nourishing energy booster, Samgyetang invigorates and nourishes you and help you regulate your body temperature.

Tip. 더운 여름에 뜨거운 음식을 먹어보세요. 처음엔 덥고 힘들어도, 식사를 마치고 나면 어느새 땀을 많이 흘려 개운해질 것입니다.

Eat something hot on a hot summer day. You may find it challenging at first, but you will find yourself much refreshed.

밥 먹고 커피 한 잔!

Coffee after Meals!

"한국인들은 식사를 마치고 나면 커피를 마십니다. "

Koreans drink coffee after meals

많은 한국인들이 밥을 먹은 후에 입을 개운하게 해주기 위해 커피를 마시는 습관을 가지고 있습니다. 특히 한국에만 있는 믹스커피는 섞여 있는 커피와 설탕에 뜨거운 물을 부어 바로 먹는 인스턴트커피로, 많은 직장인들이 즐겨 마시곤 합니다.

Many Koreans like drinking coffee to refreshen their tastebuds after meals. Particularly popular among office workers is instant coffee sticks called "Mix Coffee." Pour hot water over ready-mixed coffee and sugar, and it's ready to go!

Tip. 한국의 대부분의 커피숍에서는 따뜻한 커피와 얼음이 들어간 아이스커피를 함께 판매합니다.
Most coffee shops in Korea serve both hot coffee and iced coffee.

이사를 하고 나면 짜장면을 먹어요!
Jjajangmyeon after Moving!

"한국인들은 이사를 마치고 나면 짜장면을 먹습니다."

Koreans eat Jjajangmyeong When They Move.

한국 사람들은 이사를 하고 나면 짜장면을 배달로 시켜 먹는 문화가 있습니다. 정리가 다 되지 않아 요리할 것이 갖춰지지 않은 상태의 새 집에서, 빠르고 간편하게 식사를 해결할 수 있기 때문입니다. 옛날부터 지속된 이런 관습이, 지금은 "이사하면 짜장면"이라는 필수 공식이 된 것입니다.

It's a common custom for Koreans to have Jjajangmyeon (noodles with black soybean sauce) when they move. As you haven't unpacked everything, you're likely to have cooking stuff handy, so you need something for a quick and instant meal. This practice started a long time ago, and now people take it granted to "have Jjajangmyeon after moving."

Tip. 짜장면은 배달음식 중에서도 가장 빠르게 먹을 수 있는 메뉴입니다. 한국식 중식집에서는 짜장면뿐만 아니라 짬뽕, 볶음밥, 탕수육 등 다양한 메뉴를 판매합니다.

Jjajangmyeon is one of the dishes you can have delivered instantly. Korean-Chinese restaurants, called Junggukjip, serve many different dishes including Jjajangmyeon, Jjamppong (spicy seafood noodles), Bokeumbap (fried rice), and Tangsuyuk (sweet and sour pork).

시식 문화!
Free Tasting!

> **"한국은** 대형마트의 식품 코너에
> 시식 공간을 운영하고는 합니다. **"**

**Many food aisles in supermarkets
run free tasting corners.**

시식 코너를 운영하는 직원이 따로 있으며, 시식 후 제품을 사도록 유도하기 위한 문화입니다. 대형마트 외에 새로 오픈한 매장에서도 이런 시식 문화를 볼 수 있으며, 새로 개발된 메뉴들을 시식할 수 있도록 제공하는 경우도 있습니다. 이는 모두 익숙하지 않은 것들을 홍보하기 위한 방법이자 문화입니다. 하지만 최근엔 코로나19로 인한 감염 우려로 시식코너를 운영하지 않고 있습니다.

Free tasting corners have staff stationed there, encouraging shoppers to taste and buy their products. In addition to large supermarkets, newly opened stores often offer free tasting so that customers can try their new developments. Free tasting aims to help people get used to something new and unfamiliar. Recently stores hardly offer free tasting due to COVID-19.

....

Tip. 여러 사람이 이용해야 하기 때문에 과한 양의 시식은 하지 않는 게 좋습니다.

Free tasting is for everyone. So don't eat them all!

한국의 할머니!
Grannies in Korea!

> **한국에서** 할머니들은 옛날이야기를 많이 해주시고 언제나 먹을 것을 많이 주시는 이미지입니다. **"**

In Korea, grannies always tell us old tales, and they always feed the young.

세계 어디나 그렇겠지만 한국의 할머니들은 타인에게도 친절합니다. 그들은 친화력이 강하여 지하철 옆자리의 처음 만난 할머니들과 금세 친해지기도 합니다.

As in any other countries in the world, grannies – called Halmeoni in Korean – are kind to everyone. They are so good at socializing that they instantly make friends with total strangers they first meet in a subway.

Tip. 소통이 잘되지 않더라도 할머니들은 친절하게 알려주시려고 노력하실 것입니다!

It doesn't matter if you can communicate well or not. Grannies always do their best to help you out.

아리랑!
Arirang!

"**아리랑은** 입에서 입으로 전해 내려온 한국의 대표적인 민요입니다. "

Arirang is one of the symbolic folk songs in Korea, spread from mouth to mouth.

한국의 대표적인 민요인 아리랑은 누군가 만들어 낸 노래가 아니라, 오래전부터 여러 세대와 여러 민중의 입을 거쳐 탄생한 노래입니다. 단순한 노래 '아리랑, 아리랑, 아라리오'라는 소리에 지역에 따라 다른 내용으로 만들어진 두 줄의 가사로 구성되어 있습니다. 단순한 음과 가사 구조로 함께 부르기 쉬우며, 누구든지 새롭게 만들어낼 수 있습니다. 아리랑은 한국의 가장 대표적인 문화 중 하나로서, 전 세계적으로 많이 알려져 있을 뿐만 아니라 여러 영화, 연극, 방송 등에도 등장하고 있습니다.

As one of the most famous folk songs in Korea, Arirang was not made by a single individual. It was formed over many generations and many people. The song starts with "Arirang, Arirang, Arario," followed by two lines that vary by region. Simple in notes and lyrics, Arirang is easy to sing along, and anyone can make their own Arirang! It is well known all over the world and is often featured in films, plays, and TV shows.

Tip. 누구나 어디에서든지 쉽게 접하고 따라 부를 수 있는 아리랑을 함께 불러봅시다!

Arirang is for everyone, wherever, and whenever. Let's sing together!

음악과 이야기가 담긴
한국의 전통 공연예술 판소리!

Pansori – Traditional Korean Performing Art with Music and Stories!

> **판소리는** 한 명의 소리꾼과 연주자가 이야기를 목소리로 들려주는 전통 음악공연입니다.

Pansori is a form of traditional performing art where a singer and an accompanist tell the audience stories.

판소리는 한 명의 소리꾼(광대)이 한 명의 북 연주자(고수)의 연주에 맞추어 노래와 대사, 몸짓을 섞어가며 한국의 전통 이야기들을 노래하고 연기하는 음악공연입니다. 판소리는 최대 8시간 동안 공연이 진행되기도 하며, 최근에는 한국의 역사를 담은 드라마, 영화 등에서 자주 등장하고 있습니다. 또한 판소리는 옛날부터 입에서 입으로 전해졌기 때문에 사람이나 지역마다 노래하고 연주하는 방법이 다릅니다.

Pansori is a form of traditional Korean performing art where a singer (sorig-gun, or gwangdae) sings to a drum player (gosu) to tell the audience old stories with melodies, lines, and gestures. A Pansori concert may be as long as eight hours, and recently it is often featured in dramas and films themed around the history of Korea. As Pansori songs have been handed down from mouth to mouth, how to sing and play varies by player and region.

Tip. 한국의 영화, 드라마, 광고, 음악 곳곳에 녹아있는 전통 음악공연 판소리를 찾아 들어봅시다!
Find Pansori songs from Korean films, dramas, commercials, and music.

열두 띠 동물!
12 Chinese Zodiac Animals!

"십이간지는 태어난 해를 뜻하는 열두 가지 동물입니다. **"**

12 zodiac animals symbolize 12 birth years.

한국에는 해를 대표하는 열두 가지 동물인 십이간지(12간지)가 있습니다. 먼 옛날 어느 신이 동물들에게 달리기 경주를 시켜 먼저 들어온 순서대로 순서를 정했다고 전해집니다. 순서대로 쥐·소·호랑이·토끼·용·뱀·말·양·원숭이·닭·개·돼지로 이루어져 있고 동물 이름 뒤에 띠를 붙여 말합니다. 나이를 말할 때 태어난 연도 대신 띠를 말하기도 합니다.

In Korea, Sibiganji (12 Chinese Zodiac) mean 12 animals that symbolize 12 birth years. It is told that a god asked animals to run a race to arrange them in order. Sibiganji consists of the rat, the ox, the tiger, the rabbit, the dragon, the snake, the horse, the goat, the monkey, the rooster, the dog, and the pig, followed by the suffix "Tti," meaning "sign." Sometimes people mention their Tti when they speak about their birth year.

Tip. 나는 무슨 띠인지 알아봅시다.

Find out what your Zodiac sign is.

한국의 재미있는 관용어!
Interesting Idioms in Korea!

"한국말에는 다양한 관용어가 있습니다. 예를 들어 '바가지를 쓰다'라는 말은 저렴한 물건을 비싼 값에 구매해 손해를 보았다는 이야기입니다. "

There are many idioms in the Korean language. For example, 'Bagajireul Sseuda' (literally meaning 'putting a bowl on the head') means being ripped off by paying through the nose for something cheap.

"입이 짧다."라는 말은 음식을 심하게 가리거나 적게 먹는다는 뜻으로, "저는 입이 짧아서 많이 못 먹어요"와 같이 쓰입니다. "손꼽아 기다리다." 라는 말은 기대에 차 있거나 안타까운 마음으로 날짜를 세어보며 기다린 다는 뜻입니다. "꿈보다 해몽"이라는 말은 사실보다 그 해석이 더 좋다는 뜻입니다.

Ibi Jjaldda" (literally meaning 'having a short mouth') means being a picky eater. "Songgoba Gidarida" (literally meaning 'counting the days on fingers while waiting') means eagerly looking forward to something in excitement. "Ggumboda Haemong" (literally meaning 'better interpretation than dreams') means too much of a stretch.

Tip. 다양한 관용표현을 사용하며 의사소통을 해보세요. 더욱 재밌는 대화가 될 것입니다!
Use different idioms when you communicate. The conversation will go much more interesting!

한국의 지역별 사투리!
Dialects in Korea!

❝한국에는 지역에 따라 다르게 쓰는 말이나 억양인 사투리가 있으며, 주로 충청도, 전라도, 경상도, 제주도 등의 지역에서 쓰입니다. **❞**

There are many different dialects in the Korean language, called Saturi. Dialects are mainly spoken in Chungcheongdo, Jeollado, Gyeongsangdo, and Jejudo.

한국에는 예로부터 지역에 따라 다르게 쓰는 말이나 억양이 있으며, 이것을 사투리라고 합니다. 사투리는 주로 충청도, 전라도, 경상도, 제주도 등의 지역에서 쓰이며, 같은 단어더라도 다르게 표현하거나, 말의 높낮이 등이 다를 수 있습니다.

The Korean language varies in expressions and intonations by region. These dialects are called Saturi in Korean. Well-known dialects are spoken in Chungcheongdo, Jeollado, Gyeongsangdo, and Jejudo. They have different expressions for the same meanings and intonate differently.

Tip. 사투리를 많이 쓰는 사람과 대화할 때, 처음엔 어색할 수 있습니다. 하지만 표현과 억양을 집중해서 듣다 보면, 사투리의 매력을 느낄 수 있습니다.

You may find it awkward to listen to dialects you have never heard of. But try focusing on their expressions and accents, and you will find it charming!

한국인 이름의 성(姓)!
Surnames in Korea!

"한국인들의 성(姓)은 수가 적습니다. "

There are not many surnames in Korea.

김, 이, 박, 최 등, 한국인의 성은 그 수가 적습니다. 대부분 성은 한 글자이며 이름은 두 글자입니다. 한국 여성은 결혼 후에도 남편 성을 따르지 않고 원래의 성을 쓰며, 자녀들은 보통 아버지의 성을 따릅니다.

There are not many surnames in Korea. Many Koreans have the surname Kim, Lee, Park, or Choi. Most surnames have just one syllable, and most given names have two syllables. In Korea, women do not change their surname after marriage and keep their original surname. Children normally follow their father's surname.

Tip. 상황에 따라 어머니의 성을 따르는 경우도 있으므로 '어머니 아버지의 성을 같이 쓰거나 어머니의 성을 따르는 경우도 있습니다.

Depending on situations, they may use their mother's surname, or both father's and mother's surnames.

한국인의 *이름!*
Names of Koreans!

"한국 사람들의 이름은 보통 2~3글자로,
상대방의 이름 뒤에 ~씨를 붙여서 부릅니다. **"**

Koreans' names normally have two or three
syllables. You call people by their given name
followed by the address term 'ssi'.

한국 사람들은 이름은 보통 2~3글자입니다. 맨 앞 글자가 성(last name)이고 그 뒤에 이어지는 글자가 이름(first name)입니다. 또 상대방의 이름을 부를 때 뒤에 ~씨를 붙여 부릅니다.

Koreans' names normally have two or three syllables. The first syllable is their surname, and the remainder is their given name. When you call people, you add the address term "ssi" (meaning Mr. or Ms.) to the name.

Tip. 친한 사이에는 이름 뒤에 ~씨를 생략해서 부르거나 ~아 혹은 ~야를 붙여 부른답니다.
When you call close friends, you omit "ssi" or use the friendly address term "ah" or "ya".

한국의 전통 옷, 한복!
Hanbok – Traditional Korean Clothes!

> **"한복은 한국의 전통 옷으로 편하면서도 아름다운 옷입니다."**

Hanbok is traditional Korean clothes. It's comfy yet beautiful.

한국의 전통 옷인 한복은 통이 여유로워 바람이 잘 통하고 편합니다. 곡선과 직선의 아름다운 조화로 화려하면서도 단아한 옷입니다. 여자는 속치마 등 여러 가지 속옷을 착용한 뒤 치마와 저고리를 입습니다. 여자 한복은 저고리가 짧고 치마는 길고 품이 큽니다. 남자 한복은 저고리와 바지로 되어 있으며 겉옷으로 조끼, 마고자 혹은 두루마기를 착용하기도 합니다.

Hanbok is traditional Korean clothes. With wide sleeves and legs, Hanbok clothes are airy and comfortable. The perfect combination between lines and curves shows their splendid yet elegant beauty. Women wear the sok-chima (underskirt) and many other under-garments before wearing the chi-ma (skirt) and jeogori (top). Women's Hanbok has short tops and long and wide skirts. Men's Hanbok consists of a top and pants, over which a vest, outer coat, or robe can be worn.

....

Tip. 한복을 입고 궁을 방문하면, 연중 내내 무료로 관람이 가능합니다!

Visit a palace in Hanbok, and you have free admission all year round!

전통시장!
Traditional Markets!

"한국 곳곳에는 크고 작은 전통시장이 있습니다. **"**

There are many big and small traditional markets all across the country.

한국에는 백화점과 대형마트, 슈퍼 등 필요한 물건을 살 수 있는 다양한 공간이 있지만, '시장'이라는 장소도 있습니다. 보통 야외에 있고, 과일이나 채소를 포함해 고기와 생선 등을 구매할 수 있습니다. 떡볶이나 닭꼬치 등의 길거리 음식을 먹을 수도 있습니다. 주로 현금을 사용하기 때문에 미리 준비해 가면 좋습니다.

Where do you shop in Korea? You can shop at a department store, a supermarket, or a grocery store, but you can also shop at traditional markets, called Sijang. Sijang is normally outdoors, and merchants sell fruits, vegetables, meat, and fish. There also are street food stalls selling Tteokbokki (stir fried rice cake) and Dakggochi (chicken skewer), among others. Be advised that they normally accept cash only.

Tip. 시장에 가서 필요한 것을 사보는 것은 어떨까요?

Visit a market near you and buy things you need.

한국의 전통 레슬링 '씨름'!
Ssireum – Traditional Korean Wrestling!

"씨름은 두 선수가 허리에 두른 샅바를 잡고 힘과 기술을 통해 상대를 넘어뜨리는 것으로 승부하는 한국의 전통 스포츠이자 세시풍속입니다."

Ssireum is a traditional Korean sport and custom where two wrestlers grip the opponent's tight band and compete to throw the opponent to the ground using force and skills.

씨름은 대한민국의 아주 먼 옛날인 고조선 시대부터 이어져 내려온 역사 깊은 한국의 전통 스포츠이자, 민속놀이로 두 선수가 허리에 두른 샅바를 잡고 서로 힘과 기술을 통해 상대를 먼저 넘어뜨리는 경기입니다. 씨름은 '서로 버티고 힘을 겨루다'라는 우리말에서 이름을 가져왔습니다.

Ssireum is a time-honored traditional Korean sport. The origin goes back to the Gojoseon period thousands of years ago. Two wrestlers grip the opponent's tight band and compete to through the opponent to the ground using force and skills. The name Ssireum was originated from the Korean word 'to stand and measure strength.' In Korean, arm wrestling is called Palssireum, and arguing is called Ipssireum.

Tip. 한국 전통 명절 행사 또는 정식 경기뿐만 아니라 집에서도 즐길 수 있는 씨름! 가족이나 친구와 함께 허리에 띠를 두르고 경기해 봅시다!

Ssireum is played on traditional holidays and as a professional sport. But you can also play Ssireum! Wear a tight band and play Ssireum with your friends and family.

세계적인 한국의 전통 무술 '태권도'!

Taekwondo – A World-famous Traditional Martial Art of Korea!

> **태권도는 발차기를 중심으로 상대방을 제압하는 한국에서 만들어진 무술입니다.**
>
> **Taekwondo is a Korean martial art to zap the opponent mainly using kicks.**

태권도는 무기 없이 맨손과 맨발을 이용해 공격과 방어를 하는 무술로 한국의 대표적인 스포츠입니다. 남자와 여자, 어린아이도 쉽게 배울 수 있는 스포츠로 호신술로도 많이 배우고 있습니다. 태권도는 하계 올림픽 종목으로 채택되며 전 세계적으로 많은 사람들이 배우고 있습니다.

Taekwondo is a bare-hand martial art to attack and defend using hands and feet. As one of the most famous sports in Korea, Taekwondo is a famous self-defense skill that is easy to learn for men and women, and even kids. Taekwondo is a summer Olympic game and is practiced by many people all over the world.

Tip. 나를 지키기 위한 호신술이자 운동으로 많은 사랑을 받고 있는 태권도를 한 번 배워봅시다!

Taekwondo is a great sport and self-defence skill. Why don't you learn Taekwondo?

음력과 양력을 함께 쓰는 한국 문화!
We Use Both Solar and Lunar Calendars in Korea!

"한국은 음력과 양력이 공존하고 있기 때문에
매년 명절의 날짜가 달라집니다. **"**

Koreans use both lunar and solar calendars. Traditional
holidays fall under different days every year.

음력은 달이 지구 주위를 한 바퀴 도는 데 걸리는 시간을 기준으로 1달을 계산하고, 양력은 지구가 태양 주위를 한 바퀴 도는데 걸리는 시간을 기준으로 1년을 정해 활용한다는 차이점이 있습니다. 한국은 오랜 시간 음력을 사용하다 양력도 함께 사용하고 있습니다. 오래전부터 이어져 오던 명절은 음력을 기준으로 하기 때문에 매년 날짜와 요일이 달라집니다.

In the lunar calendar, a month is calculated based on the Moon running around the Earth. In the solar calendar, a year is calculated based on the Earth running around the Sun. Korea used to use the lunar calendar for a long time and later adopted the solar calendar as well. Traditional holidays are based on the lunar calendar, so they fall under different days every year.

Tip. 생일은 일반적으로 양력을 사용하지만, 어른들은 음력으로 계산하는 경우가 있기 때문에 생일을 물어볼 땐 양력인지, 음력인지 함께 물어봅시다!

Birthdays are normally celebrated in the solar calendar, but elderly people may count their birthday in the lunar calendar. Make sure to ask if it's in the lunar or solar calendar when you ask someone's birthday.

다양한 종교 문화!
We have Many Different Religions!

"한국은 종교의 자유를 보장하고 있습니다. 대표적인 기독교, 천주교, 불교 외에도 여러 종교들이 존재하고 인정을 받으며 활동을 하고 있습니다."

In Korea, the freedom of religion is guaranteed. There are many religions in Korea, including Protestant, Catholic, and Buddhism.

다른 사람에게 피해를 끼치지 않는 선에서 자유롭게 종교를 가지고 신앙생활을 할 수 있습니다. 한국에서 3대 종교로 불리는 기독교, 천주교, 불교 말고도 다양한 종교가 활동을 하고 있으며, 당연히 종교를 갖지 않는 무교도 존중받는 사회입니다.

Everyone has the freedom of religion. They are free to live a religious life as long as it does not do harm to others. In addition to the three major religions in Korea – Protestant, Catholic, and Buddhism – there are many other religions. Of course everyone has the right not to have a religion!

Tip. 우리 주변에 어떤 종교 시설들이 있나 찾아봅시다!

Find religious establishments near you!

품앗이!
Poomasi – Help Each Other!

"품앗이란 힘든 일을 서로 거들어 주면서 품을 지고 갚는 일입니다. 일을 하는 '품'과 교환한다는 뜻의 '앗이'가 결합된 말입니다. **"**

Poomasi is a custom where people help each other in turn. The word is a combination word for Poom (work) and Asi (exchange).

품앗이는 한국의 공동 노동 중 역사적으로 가장 오래되었습니다. 한 가족의 부족한 노동력을 해결하기 위해 다른 가족들의 노동력을 빌려 쓰고 나중에 갚아주는 형태입니다.

Poomasi is the oldest practice of joint labor in Korea. A family would resolve their labor shortage by borrowing labor from other families and repay later.

Tip. 현대 사회에서도 도와주고 이를 갚는 것을 품앗이라 부릅니다.

In modern society, Poomasi means helping each other in turn.

집들이!
Housewarming!

"집들이를 갈 땐 휴지를 챙겨 갑니다. "

Bring toilet paper rolls with you when
you go for a housewarming.

직장 동료가 이사를 해서 집들이를 갈 일이 생기면 휴지나 세제 등 위생용품을 선물로 가져갑니다. 휴지는 모든 일이 잘 풀리라는 의미를 가지고 있습니다. 집주인은 찾아와 준 사람들을 위해 맛있는 음식을 준비하기도 합니다.

When your colleague throws a housewarming party in a new home, you'd better bring a household item such as toilet paper rolls and detergents. Toilet paper rolls symbolize everything working out well. Hosts often prepare food for guests.

....

Tip. 이사한 직장 동료가 집에 초대한다면, 휴지를 들고 찾아가는 것은 어떨까요?
When you are invited to a housewarming party, bring some toilet paper rolls with you!

재미난 기념일!
Interesting Anniversaries!

"한국에는 국경 기념일을 제외하고도 재미난 기념일이 있습니다."

In Korea, there are many interesting anniversaries other than legal holidays.

한국에는 어린이날이나 어버이날, 스승의 날과 같은 특정한 사람들을 위한 기념일도 있지만, 주로 연인들 사이에서 챙기는 귀여운 기념일도 있습니다. 대표적으로 2월 14일의 '발렌타인데이', 3월 14일의 '화이트데이', 11월 11일의 '빼빼로데이'가 있습니다. 각각 초콜릿과 사탕, '빼빼로'라는 과자를 주고받는 날입니다. 꼭 연인 관계가 아니더라도, 달콤한 간식을 나누며 더욱 친해지기도 합니다.

There are holidays celebrated for specific people such as Children's Day, Parents' Day, and Teachers' Day, but there also are casual, not-very-official anniversaries mostly celebrated by lovers. The most well-known are Valentine's Day on February 14, White Day on March 14, and Pepero Day on November 11. On these days, lovers give each other chocolates, candies, and Pepero biscuits, respectively. It doesn't have to be about lovers only. Sharing sweets with others is a great way to get closer.

Tip. 친한 동료에게 달콤한 간식을 주며 말을 걸면 더 친해질 수도 있습니다.

Want to get to know with colleagues? Why not giving them some sweet treats?

한국의 제사!
Memorial Rites in Korea!

> **"한국에는** 죽은 사람을 기리는 '제사'라는 의식이 있습니다. **"**
>
> Korean people do memorial rites for the deceased. We call it Jesa.

한국에는 죽은 사람을 기리는 '제사'라는 의식이 있습니다. 주로 밤 10시쯤에 시작하며, 밥과 국을 포함해 고기와 과일 등 다양한 음식을 차려 절을 하며 제사를 지냅니다. 각 집마다 제사를 지내는 방식이 다르고, 지금은 종교에 따라 제사를 지내지 않는 경우도 있습니다. 비슷한 예시로는 '고사'라는 의식도 있는데, 이는 주로 가게를 새로 열 때 장사가 잘 되길 바라며 지냅니다. 제사와 다르게 돼지머리를 올려놓고 지내며, 돼지 입에 축하금을 물려주기도 합니다.

Korean people do memorial rites for the deceased, called Jesa. A Jesa ceremony normally starts at 10 pm, and people prepare a table with a range of dishes including rice, soup, meat, and fruits and bow to their ancestors. How they do Jesa varies by family, and people with certain religions avoid doing Jesa. Similar but slightly different, Gosa is a ritual to pray for fortune when opening a new store. Unlike Jesa, a pig's head is on the Gosa table, and people often put some money on the pig's mouth.

Tip. '고사'를 가게 된다면 돼지 머리를 보고 놀라지 마세요!

When you have a chance to attend Gosa, don't panic if there's a pig's head on the table!

축하하는 날, 슬퍼하는 날의 의복 예절!
What to Wear on Congratulations and Condolences!

> **한국에서는 축하하는 날, 추모하는 날에
> 따라 옷의 색상을 맞춰 입는 문화가 있습니다.**

Koreans wear clothes in different colors on
congratulations and condolences.

한국에서는 축하, 추모의 의미에 따라 옷의 색상을 다르게 입는 문화가
있습니다. 두 사람의 새로운 출발을 축하하는 결혼식에서는 신부의 웨딩
드레스와 비슷해 보이지 않기 위해 흰색 계열의 옷은 입지 않습니다. 누군
가와의 이별을 추모하는 장례식장에서는 검은색, 짙은 남색 계열의 옷을
입어야 합니다.

Koreans wear clothes in different colors on congratulations and condo-
lences. At a wedding, avoid wearing white clothes that may look similar
with the bride's wedding dress. At a funeral, wear clothes in black or dark
navy as an expression of mourning.

Tip. 결혼식과 장례식에 참석할 때는 단정한 옷을 입읍시다!

Smart in dress when attending weddings and funerals.

한국의 결혼식 문화!
Wedding Culture in Korea!

❝한국의 현대식 결혼식은 예식장에서 행진, 주례 등의 순서로 진행되며 신부는 드레스, 신랑은 턱시도를 입습니다. **❞**

Modern wedding in Korea is held in a wedding hall. A ceremony consists of marching and officiant messages, among others. The bride wears a dress, and the groom wears a tuxedo.

한국의 현내식 걸혼식은 주로 웨딩홀 등의 예식장에서 신행됩니다. 신랑과 신부는 각각 턱시도와 하얀 웨딩드레스를 입으며, 결혼식 순은 신랑 신부 입장, 주례, 축가, 양가 부모님께 인사, 신랑 신부 행진, 기념사진 촬영 등으로 이루어집니다. 식이 끝난 후에는 전통 혼례 형태인 폐백, 내빈에게 감사를 표하는 피로연을 하기도 합니다. 결혼식이 끝나면 부부는 신혼여행을 갑니다.

In Korea, modern wedding ceremonies are mainly held in wedding halls. The groom and the bride wear a tuxedo and a white wedding dress, respectively. A typical ceremony goes in the order of the groom and the bride entering, the officiant delivering messages, wedding songs, bows to parents, the married couple's march, and photo-taking. After the ceremony, they may do Pyebaek that is a traditional wedding ritual and hold a reception as a way to thank the guests. The couple leave for the honeymoon after the ceremony.

Tip. 결혼식을 축하해 주러 가게 된다면, 축의금을 준비하여 내고, 식을 마친 후 기념촬영을 함께 하고 식사를 하고 오는 것이 일반적입니다.

When you are invited to a wedding, bring your congratulatory money with you. After the ceremony, take a commemorative picture, and eat at the reception.

놀이터 문화!
Playgrounds in Korea!

"아파트 단지나 공원 등 곳곳에 아이들이 놀 수 있는 놀이터가 많습니다. 미끄럼틀이나 시소, 그네 같은 기구들이 있습니다. **"**

There are many playgrounds for children in apartment complexes and parks. A playground typically has a slide, a see-saw, and swings.

동네 친구들과 함께 놀 수 있는 놀이터가 한국엔 많습니다. 또한 뛰어놀면서 다치지 않도록 흙바닥이나 푹신한 매트가 깔려있습니다. 미끄럼틀, 시소, 철봉 말고도 다양한 놀이기구들을 즐길 수 있고 아이들은 놀이터에서 친구들을 사귀기도 합니다.

In Korea, there are many playgrounds for children. Playgrounds have sand or soft-mat floors to prevent children getting wounded. There are many play tools such as slides, see-saws, and swings. Playgrounds are where children make friends with each other.

Tip. 우리 주변엔 어떤 놀이터가 있나 찾아봅시다!

Find playgrounds near you!

민속놀이 문화!
Folk Games in Korea!

" 윷놀이, 딱지치기, 제기차기, 말뚝박기,
오징어 게임 등 다양한 민속놀이가 있습니다. **"**

There are many different folk games such as Yutnori,
Ddakjichigi, Jegichagi, Malddukbakki, and Squid Game.

옛날부터 여러 사람들이 함께 즐기던 민속놀이는 쉽게 친해지고 건강도
좋아지는 자랑스러운 대한민국의 전통 놀이입니다. 주변에서 쉽게 구할
수 있는 재료들로 놀이를 즐겼으며, 재료 없이 사람들만 모여도 할 수 있
는 놀이들이 많아 쉽게 즐길 수 있습니다.

Folk games are great ways to make friends and stay fit. Koreans made
and played games with objects found in their surroundings. Many games
need no preparations at all so that you can play with others at any time.

Tip. 주변 사람들과 함께 민속놀이를 즐겨보는 건 어떨까요?
Why don't you play some folk games with your friends?

운동회는 즐거워!
Fun Field Days!

" 한국의 학생들은 봄이나 가을에 운동회를 합니다. 종목으로는 이어달리기, 줄다리기, 박 터트리기 등이 있습니다. "

Schools in Korea have field days in spring or fall. Commonly played games include relays, tug-of-war, and breaking baskets.

운동회는 학교의 운동장에서 열리며 학년별 혹은 반별 체육복을 입습니다. 반대 반으로 대결하거나 청팀 백팀으로 나누어 대결합니다.

Field days are held in schools' grounds. Different grades or classes wear different uniforms. Games are played between classes or blue and white teams.

Tip. 요즘 학생들은 운동회에서 자신의 개성을 드러내는 페이스 페인팅을 하거나 머리띠 등 소품을 활용하기도 합니다.

These days, field days are an opportunity for students to express themselves with face-painting and props such as hair bands.

백일잔치, *돌잔치 문화!*
The 100th Day Feast and First Birthday Feast!

" 아기가 태어나서 100일이 되는 날 건강하게 자란 것을 축하하고 기념하기 위해 백일잔치를 합니다. 돌잔치는 아기가 태어난 지 1년을 기념하고 첫 번째 생일잔치를 하는 것입니다. **"**

The 100th day feast is to celebrate a newborn's first 100 days spent healthy. The first birthday feast is to celebrate the baby's first birthday.

옛날에는 아기가 100일이 되기 전에 사망하는 경우가 자주 있어 100일이 된 것을 축하하고 앞으로도 건강하게 자라기를 기원하며 잔치를 했었습니다. 이것이 지금까지 이어져 전통이 되었습니다. 돌잔치는 아기가 태어난 지 1년이 지나 첫 번째 생일을 맞이한 것을 감사하고 앞으로도 잘 자라기를 바라는 마음에 잔치를 하는 것입니다.

In the old days, babies often did not make to their 100 days, so the 100th day feast was to celebrate and wish them health in the coming days. This tradition is still practiced today. The first birthday feast is to celebrate babies' first birthday and wish them health in the coming years.

....

Tip. 주변 아기의 백일잔치와 돌잔치를 함께 축하해 줍시다!

Congratulate babies on their 100th day and first birthday!

회식문화!

Hoesik – Company Get-together!

"회사 직원들과 일이 끝난 후 식당이나 술집에서
함께 밥과 술을 먹는 모임을 가집니다. **"**

Koreans sometimes have dinner or drinks with
colleagues after work.

한국에선 회사 직원들과 함께 밥이나 술을 마시며, 회사 생활의 어려움
들을 서로 이야기하면서 자연스럽게 친목을 다지는 자리를 갖고 있습니
다. 회사의 팀별 구성원끼리 상사와 아래 직원이 다 같이 모여 시간을 갖
는 것인데 최근 코로나 이후에는 모임 자체가 많이 사라진 상태입니다.

In Korea, colleagues often have dinner or drinks after work, talking about
difficulties they may have at work and promote friendship. Called Hoesik
in Korean, company get-together events are normally led by team leaders
to hang out with their team members. The Hoesik practice has been al-
most gone since the COVID outbreak.

Tip. 함께 일하는 사람들과 맛있는 밥을 먹어봅시다!
Have fun eating delicious dishes with your colleagues.

해돋이 문화!
Haedoji – See the Sunrise!

"한국에선 새해를 맞이하는 1월 1일에
해돋이를 보며 한 해의 건강과 복을 기원합니다. **"**

In Korea, people see the sunrise on New Year's Day to
wish for the year's health and luck.

새해가 시작되는 1월 1일에 해가 떠오르는 해돋이를 보며 한 해
를 무사히 보내고 일이 잘되기를 기원하는 문화입니다. 해가 잘 보
이는 바다나 산에 가서 많이 봅니다.

On New Year's Day, January 1, people see the sunrise to wish for
the year's safety and good luck. They normally go to a beach or
mountain to see the sunrise.

Tip. 1월 1일에 해돋이를 보며 한 해를 잘 보내기 위해 기원해 봅시다!

On January 1, go see the sunrise and pray for the year's luck!

pc방 문화!
PC Bang (Internet Cafe)!

"한국은 좋은 컴퓨터로 인터넷과 게임을 하고,
다양한 음식도 먹을 수 있는 pc방이 아주 많습니다. **"**

There are many internet cafes in Korea, called PC Bang,
where you can do web-surfing and play games on powerful
computers and have many different snacks.

한국은 인터넷 속도가 아주 빠른 나라입니다. 편안한 의자에서 빠른 속
도로 최신 컴퓨터를 사용하고 게임도 할 수 있으며 맛있고 다양한 종류
의 음식도 먹을 수 있습니다. pc방은 대한민국 대부분의 곳에서 쉽게 찾
을 수 있을 정도로 정말 많습니다.

Koreans have super-fast internet access. In a PC Bang, you can sit on a
comfy chair to play games on a powerful computer and eat many deli-
cious snacks. PC Bang is so popular in Korea that you can find a PC Bang
almost everywhere.

Tip. 내 주변에 pc방을 방문해보고 컴퓨터 사용과 맛있는 음식을 먹어봅시다!

Visit a PC Bang near you to use a computer and eat something delicious!

때밀이 문화!

Ttaemiri (Professional Scrubber)!

" 때 타월로 몸의 때를 밀어서 벗기는 목욕 문화가 있습니다. "

Koreans love getting scrubbed off with scrubbing towels in bath.

한국 사람들은 때 타월을 이용하여 주기적으로 몸에 있는 때를 밀어서 씻어냅니다. 따뜻한 물에 몸을 몇 분 동안 담갔다가 때를 밉니다. 집에서도 하지만 목욕탕에 가서 할 때가 많은데, 다른 사람들의 때를 밀어주는 직업이 있을 정도로 때 미는 것을 즐깁니다.

Koreans use scrubbing towels, called Ttae-towel, to remove dirt and debris from their body. They soak themselves in a hot bath before doing it. They may do it at home, but normally they get it done in a public bath. They love it so much that there are professional scrubbers.

Tip. 때 타월을 구매하여 집에서 밀어보거나 목욕탕에 가서 때를 밀어봅시다.
Buy a scrubbing towel and try scrubbing yourself at home or do it in a public bath.

팬덤 문화!
Fandom Culture!

"한국 사람들은 자신이 좋아하는 특정 인물이나 그룹을 열정적으로 좋아하고 응원하는 문화가 있습니다. 주로 연예인이나 스포츠 선수의 팬덤이 많습니다. "

Koreans are passionate about supporting and cheering people and groups they love. Fandom is mainly for celebrities and sport stars.

한국은 k-pop이 세계적으로 유명한 만큼 팬들도 아주 많습니다. 주로 연예인이나 운동선수의 팬들이 모여 팬덤을 이룹니다. 팬덤은 헌신적으로 응원하고 봉사하기도 합니다. 콘서트에서 엄청난 떼창을 보여주기도 합니다. 요즘엔 팬덤이 대중문화를 이끌며 만들기도 합니다.

K-pop is a global hit, and there are many fans. Fandom is mainly for celebrities and sport stars. They support their stars and volunteer for them. At concerts, they all sing at the top of their lungs. These days, fandom even plays roles in creating and leading pop culture.

Tip. 연예인이나 운동선수의 팬덤이 어떤 것들이 있는지 찾아보고, 그들만의 특징을 발견해 봅시다!

Find fandom for celebrities and sport stars and what's so special about them!

길거리 문화!
Street Culture!

"좁은 길이나 골목을 지나갈 때 다른 사람을 마주치면 부딪치지 않게 어깨를 피해줍니다.**"**

In a narrow street or alleyway, turn your shoulder not to bump into the person coming from the opposite direction.

사람이 많은 곳이나 좁은 공간에서 걸어갈 때 반대편에서 오는 사람과 부딪칠 수 있기 때문에 어깨와 몸을 피해 부딪치지 않게 배려합니다. 혹시 다른 사람과 부딪쳤다면 "죄송합니다."라고 먼저 사과하며 배려하는 것이 좋습니다.

When walking in a crowded or narrow space, be careful not to bump into others. If you happen to bump into someone, first say "I'm sorry."

Tip. 걸어갈 때 다른 사람과 부딪치지 않게 어깨를 피하며 배려해 봅시다!

When you walk, turn your shoulder not to bump into the person coming from the opposite direction.

한국 야구 경기 응원 문화!
How to Cheer in Baseball Parks!

> **한국** 야구경기를 관람할 때는 팀 응원가, 선수 응원가 부르기, 치킨과 맥주 먹기 등 다양한 문화가 있습니다. **"**

In baseball parks, Koreans sing cheering songs for their teams and players, and eat friend chicken and beer.

한국 스포츠 리그 중에서도 프로 야구는 매우 높은 인기와 관중 수를 자랑합니다. 각 팀마다 특색 있는 팀 응원가와 선수 개인 응원가를 응원 단장의 리드에 따라 부르며 응원하고 치킨과 맥주를 먹기도 합니다.

In Korea, professional baseball is one of the most popular sports. Yell-leaders lead the spectators to root for their team and players by singing cheering songs. Baseball parks are also a great place to enjoy fried chicken and beer.

Tip. 응원이 활발한 좌석과 좀 더 자유롭게 경기를 관람할 수 있는 좌석이 나뉘어 있습니다. 한국 야구를 제대로 경험해 보고 싶다면, 응원석에 앉아 주변 사람들과 함께 열기를 느껴보는 것도 좋습니다.

In a baseball park, seats are zoned for those who are enthusiastic supporters and those who want to focus on the game itself. If you want to really feel what baseball in Korea is like, join the crowd and feel the heat in the cheering section.

여름철 물놀이 문화!
Have Fun in the Water in Summer!

"여름철엔 계곡이나 바다, 또는 워터파크에서 물놀이를 즐깁니다. "

Go play in a valley, sea, or water park in summer.

한국 사람들은 더운 여름을 버티기 위해 물놀이를 합니다. 계곡이나 바다를 가기도 하고 워터파크처럼 수상 레저를 즐길 수 있게 조성된 곳에서 놀기도 합니다. 요즘엔 물을 뿌려대는 음악 페스티벌도 성공적으로 운영되며 많은 인기를 얻고 있습니다.

Playing in water is a way for Koreans to survive hot summer. They go to a valley, or a beach, or a place designed for water sports such as water parks. More recently, music festivals where water is sprinkled all over are very popular among people.

Tip. 물놀이를 즐기러 계곡을 갈 땐 수박을 꼭 챙겨 가는데 대체로 냉장고에 보관하지 않고 시원한 계곡물에 담가 둡니다. 이때 계곡물에 떠내려가지 않도록 잘 묶어 두어야 합니다.

A watermelon is a must when you go to a valley. It's a common custom that you keep it cool in the water without the need to keep it in the refrigerator. Make sure to keep it fastened so that it won't be swept away.

여름 감기는 개도 안 걸린다?
Even Dogs Don't Catch a Cold in Summer!

" 더운 여름날 안과 밖의 온도 차는 건강에 좋지 않습니다. **,,**

Sudden temperature changes between indoor and outdoor spaces in summer are not good for your health.

여름날 한국의 실내는 오래 머무르다 보면 추울 정도로 에어컨을 켜는 곳이 많습니다. 문제는 이 에어컨의 찬바람을 많이 맞으면 '냉방병'이라고 하는 여름 감기에 걸리는 경우가 생깁니다. 여름 감기는 개도 안 걸린다는 한국 속담처럼, 무더운 여름날 감기로 고생하는 아이러니한 상황이 생기지 않도록 조심해야 합니다.

In summer, many indoor spaces in Korea are very well air-conditioned so that you may feel cold when you stay indoors for a long time. Exposing yourself to cool wind too long may cause you to catch a summer cold, called Naengbangbyeong (air-conditioning sickness). As a Korean proverb says "even dogs don't catch a cold in summer," protect yourself from the irony of catching a cold in hot summer.

Tip. 실내에 오래 머물러야 한다면 얇은 겉옷을 챙기는 것이 좋습니다.

If you need to stay indoors for a long time, make sure to bring a light, long-sleeved jacket with you.

신발 선물의 의미!

What Does Giving Shoes as a Gift Mean?

" 새 신발을 신고 좋은 곳으로 가라는 의미입니다. "

It means to go to a good place in new shoes.

신발을 선물하는 것은 새 신발을 신고 좋은 곳으로 가라는 의미를 가져, 연인들끼리는 혹시 서로를 떠나게 될까 봐 잘 선물하지 않습니다. 하지만 좋아하는 사람에게 고백할 때 본인이 사준 신발을 신고 나에게 오라는 의미로 선물을 하기도 합니다. 또 누군가가 새로운 시작을 할 때나 졸업 선물을 할 때 좋은 길로 가라는 의미로 신발 선물을 하는 경우가 많습니다.

Giving shoes as a gift means to go to a good place in new shoes. That's why lovers avoid doing it, as it might imply the intention to break. But you may give someone a pair of shoes as a way to express your heart and say 'come to me in these shoes.' Shoes are also often given as gifts to some-one starting something new or graduating.

Tip. 연인에게 신발 선물을 하고 싶다면, 커플 화를 구매하여 같이 좋은 곳으로 나아가자는 의미로 신는 것도 좋은 방법입니다.

If you want to buy your lover a pair of shoes, buy one for you, and one for your lover as a way to say 'let's walk together to a good place.'

한국의 여러 금기 문화!
Many Don'ts in Korea!

"한국에는 죽음과 관련된 여러 가지 금기 문화가 있습니다."

There are many don'ts or taboos in Korea. These are often associated with death.

한국인들은 빨간색 펜으로 다른 사람의 이름을 쓰지 않습니다. 이름을 빨간색으로 쓰면 그 사람에게 좋지 않은 일이 일어난디고 믿기 때문입니다. 또한, 밥을 먹을 때 숟가락을 밥에 꽂지 않습니다. 한국에서는 숟가락을 밥에 꽂는 행동은 조상에게 제사를 지낼 때 하는 행동이기 때문입니다. 마지막으로 한국인들은 숫자 '4'를 매우 기피합니다. 한국에서 '4'는 죽음(죽을 사, 死)과 같은 발음을 가지고 있어서 기피되는 숫자입니다. 옛날 건물에는 4층이 아예 없거나, F층(Four)로 쓰인 경우가 있습니다. 자동차 번호판에도 44번은 발급되지 않습니다.

Koreans do not write others' name in red. They think writing names in red may bring them bad luck. Also, they do not stab the spoon in the bowl of rice. Stabbing a spoon in a bowl is only done when doing memorial rites for the deceased. Lastly, Koreans avoid number "4." In Korea, "4," pronounced "Sa," has the same pronunciation as "death" in Korean. In old buildings, you'll often see there is no fourth floors, or marked "F" (four) instead of "4." There are no "44" in number plates in Korea.

Tip. 여러분의 나라에서 존재하는 여러 가지 금기 문화에 대해 이야기를 나누어 봅시다. 또한, 한국의 금기 문화와 어떤 공통점이 있는지 찾아봅시다.

Talk about taboos in your country. Find similarities and differences between your country and Korea.

이름은 빨간색이 아닌 다른 색으로!
Don't Write Names in Red!

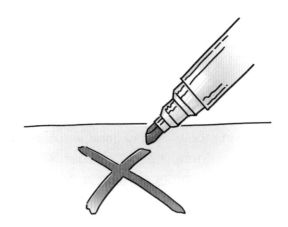

"한국에서는 빨간색으로 이름을 적는 것을 꺼립니다."

Koreans avoid writing names in red.

미신에 가까운 이야기이지만 아직까지 많은 한국인이 빨간색으로 적힌 이름은 불길함, 죽음이 연상되기 때문에 다른 색으로 적는 것이 좋습니다.

Although superstitious, many Koreans relate names written in red to bad luck and death. You'd better write names in other colors.

Tip. 이름은 빨간색 펜이 아닌 다른 색으로 적으세요!

Use non-red pens when you write names!

04

Chapter

제4장
한국사람들 –K사람

Korean People – K-People

어서 와!
한국은
이런곳이야!

Welcome!
Let Me Show You the Korean Way!

춤과 노래를 사랑하는 사람들!
Lovers of Singing and Dancing!

"아주 오랜 옛날부터 한국 사람들은 춤과 노래를 좋아했습니다!
춤과 노래는 모든 공동체에 활력이 되고 화합을 이룹니다! "

From long ago, Koreans loved dancing and singing! Dance and music give energy to the community and bring people together!

춤과 노래는 국가와 언어 인종을 초월하는 하나의 문화입니다!
오늘날 한류에서 알 수 있듯이 한국 사람들은 춤과 노래를 통해 교감하고 교류하며 축제합니다. 그러나 한국 사람들은 때와 장소를 정하고 주위에 피해를 주지 않도록 노력합니다.

Dance and music are culture that goes beyond the boundaries of nations and languages. As Hallyu (Korean Wave) shows, Korean people dance and sing to communicate and celebrate. How they also know when and where to do it and avoid disturbing others.

Tip. 학교나 주택가 주변에서나 많은 사람들이 모여 있는 곳에서 술에 취해 크게 소리치거나 소란을 피우지 않기
Do not drink too much and make a fuss near schools or residential areas or in crowded places.

까치밥!
Kkachibap – Birds' Share

> **추운** 겨울새와 같은 날짐승이 굶주리지 않도록 가을이 되어 수확할 때 과일나무의 꼭대기에 몇 개를 남겨주는 마음 따뜻한 민족입니다. **"**

Koreans are kind-hearted. In autumn, they used to leave some fruits in the trees when they harvest so that birds would not starve in winter.

지정학적 위치로 인하여 한국은 많은 외세의 침략을 받았습니다. 특히 한국전쟁 이후 먹을 것이 부족했던 시기에도 한국 사람들은 과일나무 꼭대기에 과일 몇 개를 남겨두어 날짐승[새]에게 먹이를 주어 추운 겨울을 살아갈 수 있도록 마음을 쓰는 정이 많은 민족입니다!

Korea used to face many foreign invasions due to the country's geo-political situations. Even when everything was short after the Korean War, Koreans did not forget to leave some fruits in the trees so that birds could eat them and survive cold winter. How kind-hearted they are!

Tip. 밝고 명랑한 표정과 단정한 차림으로 한국 사람들을 만나면 먼저 인사하십시오! 여러분에게 마음을 나누어 줄 것입니다!

Brighten your face, and keep yourself tidy. And say hello to Koreans! They will come close to you.

안녕하십니까! *안녕하세요!*
Hello! Hi!

"한국 사람들은 어른과 아이 남녀노소 할 것 없이
서로서로 마주치면 고개 숙여 친절한 인사를 나눕니다. "

Koreans, old and young or men and women, nod a greeting
when they come across others.

누가 먼저 할 것 없이 아이가 어른에게, 어른이 아이에게 "안녕하세요!", "안녕!" 서로서로 밝은 표정으로 인사를 나눕니다. 그렇게 인사를 나누면 하루 종일 기분이 좋아집니다.

"한국 속담에 어른을 공경하면 자다가도 떡을 얻어먹는다고 합니다!" 우리보다 먼저 삶을 살아온 지식을 존중하고 존경하며 나라와 이웃을 위해 힘써주신 노고에 감사를 드려야 합니다. 우리가 먼저 어른에게 인사를 드리면 어른들은 우리에게 칭찬의 보답을 해주신다는 교훈을 이야기합니다.

Whenever they come across others, kids nod a greeting to adults, and adults do the same to kids, saying "Anyeong Haseyo" (Hello!) and "Anyeong" (Hi!) with a smile on their face. Greeting each other makes you happy all day!

A Korean proverb says "respect elders and you will get treats even while sleeping." We should respect and honor seniors' wisdom and thank them for their efforts for the country and the community. When we greet them first, they will be complementary for what we do.

Tip. 사람을 만나면 아침이든 저녁이든 어른이든 아이든 "안녕하십니까!", "안녕하세요!"라고 먼저 인사해 보세요! 기분 좋은 일이 생길 것입니다.

When you come across someone in Korea, say "Anyeong Hasimnikka" (more polite form of saying 'hello') or "Anyeong Haseyo"! Good things will come your way.

신뢰를 쌓았다면 솔선수범입니다!
Lead by Example and Build Trust!

" 한국생활을 배우고 익힌 것은 부지런하고
성실하게 실천으로 이어져야 합니다. "

**Keep practicing and putting in action what you
have learned about life in Korea.**

한국 사람들은 성실함을 미덕으로 생각하므로 먼저 자발적으로 행동하
는 부지런한 모습을 매우 긍정적으로 생각합니다. 내가 앉아서 남이 하는
일을 바라보고만 있다면 몸은 편할지 모르지만, 상사의 눈에 띄어 인정받
지 못합니다. 인정받는다는 것은 출세와 수입과 연결됩니다.

Koreans value diligence. They praise people who lead by example and act
spontaneously. Sitting back and just watching others do may give you a mo-
ment's comfort, but you won't be able to attract your manager's attention
and get recognized. Being recognized means promotion and more income.

Tip. 실천하여 인정받기

Put in action and be recognized.

무뚝뚝해 보이는 사람들!
They May Look Unfriendly!

> **"한국 사람들은 겉으로는 무뚝뚝해 보여도 실제로는 그렇지 않습니다. "**
>
> *Koreans may look unfriendly, but they actually are not.*

한국 사람들은 대체로 성격이 급해서, 목표가 정해지면 주위를 둘러보지 않고 앞으로 나아갑니다. 그래서 무언가를 물어보고자 말을 걸면 차가운 표정으로 당신을 쳐다볼 수도 있습니다. 하지만 도움을 요청했을 때 무시하지 않고 잘 도와주기 때문에, 너무 무섭게 생각하지 않아도 괜찮습니다.

Many Koreans are impatient. They just go ahead without turning their head when they are up for something. That's why they may look unfriendly when you speak to someone to ask something. But if you ask them for help, they will never turn their face away from you. Just don't be afraid!

Tip. 어려운 일이 생겼다면 함께 일하는 동료한테 물어봅시다. 그는 당신을 친절하게 도와줄 것입니다.
When you face something challenging, ask one of your colleagues. And know help is on the way!

한국인의 말버릇!
What Do Koreans Say Often?

"아니 진짜, 죽겠다. 등은 한국인의 말버릇입니다. "

Koreans always say 'no,' 'really,' and 'I'm dying.'

한국은 지역별로 발의 높낮이나 단어를 다르게 사용하는 '사투리'가 있습니다. 하지만 이것과 다르게 한국인 모두에게서 나타나는 말버릇이 있습니다. 먼저 말을 시작할 때 그 내용과 상관없이 '아니 진짜'가 앞에 종종 붙습니다. 말을 더 재미있게 해주는 일종의 감탄사와 같은 것입니다. 또 조금이라도 힘들 때 '죽겠다.'라는 말을 하기도 하는데, 이는 진짜 죽음을 앞두고 있다는 뜻이 아니라 힘들다는 의미를 담은 표현입니다.

Dialects mean regional variations in intonations and expressions. But you will find almost all Koreans repeatedly say something at all times. When they start talking, whatever the conversation is about, they often start with "Ani" (literally means 'no') or "Jinjja" (literally means 'really'). These are more like a catch phrase, or exclamation. When they are stressed, they often say "I'm dying." It does not mean that they really mean it. They are just under some stress or a bit anxious.

Tip. '죽겠다.'라는 말을 하는 동료가 있다면 놀라지 말고 함께 커피를 마시며 위로해 보는 것은 어떨까요?
If someone says "I'm dying," don't panic. Simple get them a cup of coffee and cheer them up.

Page 167 of 448.

정이 많은 한국인!
Kind-hearted Koreans!

"정이 많은 한국인들은 나누는 것을 좋아합니다. "

Koreans are kind-hearted. They love sharing with others.

옛날부터 한국인 하면 '정(情)'이라는 말이 있을 정도로 다른 사람에게 마음을 주는 일에 어려움을 느끼지 않습니다. 그 예시로, 무언가를 먹다가 흘렸을 때 '휴지 한 장만 주세요.'라고 했을 때 두~세장을 건네주는 모습이 있습니다. 한국인의 따뜻한 정과 함께라면 한국에 적응하는 데 더 도움이 될 것입니다.

People often relate Koreans to the word "Jeong" (generosity and affection). They are never reluctant to open and share their heart with others. To take a small and silly example, tell someone 'could you please get me a tissue?' and you'll find them getting you two or three. Koreans' Jeong is something that will help you better settle in Korea.

Tip. 작은 과자와 함께 먼저 말을 건다면, 따뜻한 정으로 맞이해 줄 것입니다.
Say hello with a little treat, they will give you heartwarming Jeong in return.

화끈한 한국 사람들!
Passionate Koreans!

"한국 사람들은 매운맛을 즐깁니다."

Koreans love spiciness.

한국을 대표하는 음식은 비빔밥, 삼겹살, 치맥(치킨+맥주), 떡볶이 등 다양하지만 '매운맛' 그 자체로도 한국 음식을 표현할 수 있습니다. '매운탕', '닭볶음탕', '김치찌개'등 대부분의 음식이 빨갛고 매운맛을 내며, 최근 유행한 '불닭볶음면'도 매운맛으로 많은 사람들의 인기를 얻었습니다. 매운맛을 좋아하는 만큼 그 기준이 다른 나라와 조금 다른데요, "이 음식 매워??"라고 물어봤을 때 "적당히"나 "조금"이라는 말을 믿고 먹었다간 매운맛에 힘들어질 수도 있습니다.

There are many popular Korean dishes such as Bibimbap, Samgyeopsal, Chimaek, and Tteokbokki. But 'spiciness' itself may speak everything about Korean food. Whether it be Maeuntang (spicy fish stew), Dak Bokeumtang (spicy chicken stew), or Kimchi Jjigae (Kimchi stew), most Korean dishes look red and are very spicy. More recently, Buldak Bokeumyeon (instant hot chicken flavor ramen) gained great popularity because of its spiciness. As Koreans love spicy food, they have a somewhat different bar for the level of spiciness. When you ask someone "is this food spicy?" you'd better not trust their answers "a little bit" or "it's okay" in so many words.

Tip. 한국의 매운맛을 느끼고 싶다면 약한 것부터 조금씩 도전하는 것이 좋습니다.
  If you want to try spicy foods in Korea, you'd better try the least spicy ones first.

안전한 나라!
A Safe Country!

> **"한국** 다른 나라보다 좀도둑이 적고 치안이 좋은 안전한 나라입니다. **"**

Korea has less thieves and is safer than many other countries.

한국은 가페나 도서관 같은 공공장소에서 노트북이나 휴대폰, 지갑을 두고 자리를 떠도 물품을 훔쳐 가는 사람이 거의 없습니다. 바지 뒷주머니에 휴대폰이나 지갑을 넣고 다니는 모습도 자주 볼 수 있는데 치안이 좋지 않은 나라에선 볼 수 없는 모습이라고 합니다. 곳곳에 CCTV가 설치되어 있는 걸 모두가 알고 있기 때문에 이런 범죄가 적을 것이라 예상이 됩니다. 카페나 도서관에서는 자리를 미리 맡기 위해 일부러 본인의 소지품을 좌석에 두고 자리를 뜨는 경우도 많습니다.

In Korea, many people leave their laptops, mobile phones, or wallets on the table in a cafe or library without worrying about their stuff being stolen. They often put their mobile phone or wallet in their back pocket, which may be unimaginable in less-secure countries. That's probably because everyone knows security cameras are watching them everywhere. In cafes and libraries, they often leave their stuff on the table for purpose as a sign to indicate 'this seat is taken.'

Tip. 분명 치안이 좋은 편이지만 건물 바깥에 자물쇠로 걸어 둔 자전거가 없어지는 경우도 종종 있으니 항상 조심해야 합니다.

It's no doubt that Korea is a safe country. But be careful that sometimes bicycles parked and locked outdoors are stolen.

고충상담!
Speak About Your Concerns!

"**한국에는** 외국인을 위한 여러 기관에서
운영하는 고충상담센터를 운영하고 있습니다. "

In Korea, many organizations run grievance centers
for international residents.

한국에서 생활하며 어려운 일 힘든 일이 생겼을 때 주저하지 마
시고 고충상담 센터로 전화하시면 친절한 상담을 받으실 수 있습
니다. 한국 입국 시 각 기관의 전화번호 및 안내서를 받아 보실 수
있습니다.

If you face something challenging in Korea, do not hesitate to call a
grievance center, and help is on the way! You'll get these centers'
contact number and details when you enter Korea.

Tip. 한국에서의 외국인 고충 서비스를 이해하고 외국인력상담센터 상담번호를 잘 메모해 두어 한국생활 도움
받기!

Get familiar with the grievance services for international residents and take note of
these centers' contact numbers.

보수적인 성향의 사람들!
Conservative People!

> **한국은** 옛날부터 여러 예절을 중시하여 보수적인 성향이 있습니다.

Korea has less thieves and is safer than many other countries.

다양한 예절을 중요시하다 보니 대체로 보수적인 성향을 지닌 사람이 많고 그런 사람들은 말이나 행동이 진지한 편입니다. 길거리에서 과한 애정 행각이나 과한 노출을 했을 때 불편해하는 사람들이 많습니다. 보수적인 사람들은 여성들에게 '밤늦게 돌아다니면 안 된다.', '짧은 옷을 입으면 안 된다.'라는 말을 종종 합니다. 이는 여성들이 몸을 다 가리는 옷을 입어야 했고 밖을 함부로 돌아다닐 수 없던 역사가 있어 그때의 보수적인 성향이 남아있어서 그렇습니다.

As they value manners and etiquette, many of them are conservative and take everything seriously. They often feel uncomfortable when they see others showing affection in inappropriate ways or someone in overly revealing clothes. Conservative people often say "women should not wander around at night," or "women should not wear revealing clothes." Their conservative tendency comes from the days gone when women had to cover the whole body with clothes and were not allowed to walk outside as they would like.

Tip. 이제는 쉽게 다양한 문화를 접할 수 있게 되면서 시각이 많이 바뀌어 보수적인 사람들도 적어지고 있습니다.

Exposure to many different cultures has led to changes in their tendency. Now less people find themselves conservative.

제주도 바닷속의 잠수부 '해녀'!
Haenyeo – Diver Women in Jeju!

" 제주도에는 산소통 없이 잠수를 통해 바다에서
해산물을 캐는 직업을 가진 해녀가 있습니다. "

In Jeju, Haenyeos dive into the sea without oxygen
tanks to catch and collect seafood.

어업이 발달한 제주도의 상징이라고 할 수 있는 해녀는 오랜 시간 동안
바다에서 잠수를 할 수 있다는 것이 특징입니다. 윗사람이 아랫사람을 이
끌며 서로 함께 뭉쳐서 일하고, 돕는 것을 중요시하는 한국에서는 대표적
인 공동체 문화로 여겨집니다. 이러한 문화를 가지고 있는 해녀들은 세계
무형유산으로 지정되었습니다.

Haenyeos are a symbol of Jeju Island. They go underwater and stay there
for a long time. They represent Korea's community culture where the seniors
lead the juniors to work together and help each other. The culture of Jeju
Haenyeo was designated as a UNESCO World Heritage.

Tip. 제주도에는 해녀들이 잡은 해산물로 만든 요리가 많습니다. 제주도에 간다면, 해녀들의 마을에 꼭 가봅시다!

There are many dishes made from seafood caught by Haenyeos in Jeju. If you go to
Jeju, be sure to visit a Hanyeo village!

05
Chapter

제5장
한국에서의 예절 [K예절]
Korean Etiquette [K-Etiquette]

어서 와!
한국은
이런곳이야!

Welcome!
Let Me Show You the Korean Way!

감사합니다! 고맙습니다!
Thank you!

" 작은 일에도 감사하는 마음을 가져야 합니다. **"**

Be thankful for everything, however big or small.

길을 걷다가 엘리베이터를 타다가 계단을 오르거나 출입문을 나설 때 또는 버스에서 타고 내릴 때 양보해 주거나 친절히 대해 주었을 때 한국 사람들은 "감사합니다!", "고맙습니다!"라고 고개를 숙여 인사를 합니다.

Whether it's on the street, in an elevator, on stairs, at a door, or getting on or off the bus, Koreans say "Gamsahamnida" or "Gomapsumnida" as a way to express their thankfulness for others' kindness.

Tip. 한국에서 살아가는 일상에서 입버릇처럼 "감사합니다!", "고맙습니다!"를 말해보세요. 한국인들은 여러분들을 더 잘해 줄 것입니다.

While living in Korea, make "Gamsahamnida" and "Gomapsumnida" your favorite phrases. Koreans will be even nicer to you.

미안합니다! 죄송합니다!
I'm Sorry!

" 작은 실수를 인정하고 빠르게 반응하여 '미안합니다!', '죄송합니다!' 라고 용서와 이해를 구해야 합니다. **"**

Admit your small mistakes. Respond quickly and ask for forgiveness and understanding by saying 'sorry' or 'apologies'.

길을 걷거나 지하철과 버스를 이용할 때 어깨를 부딪히거나 출입문을 가로막고 서있게 될 때도 "미안합니다!", "죄송합니다!"

When you walk on the street or are on a bus or subway and happen to bump shoulders with others or block the door, don't forget to say "Mianhamina" or "Joesonghamina".

Tip. 산업현장 외에도 한국에서 생활하는 일상에서 만나게 되는 많은 사람들과 친근하게 지낼 수 있는 마법 같은 말이 "미안합니다!", "죄송합니다!".

"Mianhamina" and "Joesonghamina" are the magic word that will make you get along with others not only at work but also in your daily life.

인사하기!
How to Say Hello!

"우리는 외모가 한국인과 다릅니다. 그렇기 때문에 먼저 인사하기를 실천함으로써 상대방에게 편안함을 느낄 수 있도록 해야 합니다!"

You may have a different look from Koreans. Be the first to say hello to others so that they feel at ease.

한국의 일상에서 인사하는 방법은 편안하게 웃는 얼굴로 상대방의 얼굴을 바라보며 고개를 숙여주는 게 대표적입니다. 나이가 어린 아이들에게는 고개를 숙이지 않고 말로써 "안녕!", "안녕하세요!" 라고 합니다.

The common way of greeting in daily life is to look at the other person's face with a smile and nod a greeting. You don't need to nod to children. Just say "Anyeong!" or "Anyeong Haseyo!"

Tip. 한국에서 생활하며 언제 누구를 만나더라도 먼저 인사하기!
While living in Korea, be the first to say hello to everyone!

인사 예절!
Greeting Manners!

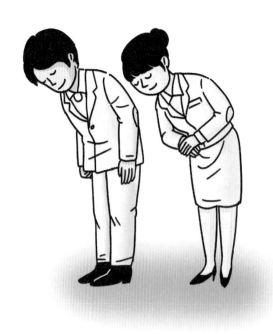

"상황에 따라 허리를 다르게 숙여 인사할 수 있습니다."

How deep you should bow depends on situations.

상황에 따라 허리를 다르게 숙여 인사할 수 있습니다. 허리를 15두 정도 숙이는 것은 가벼운 인사에 해당합니다. 허리를 30도 정도 숙이는 것은 윗사람에게 하는 일반적인 인사에 해당합니다. 허리를 45도 정도 숙이는 것은 매우 정중한 인사로, 감사나 사과의 뜻을 전하거나 윗사람을 맞이하고 배웅할 때 하는 인사입니다. 먼저 인사말을 하고 허리를 숙이는 것이 중요합니다. 또한 한 장소에서 여러 번 마주쳤을 때는 가볍게 목례만 해도 괜찮습니다.

How deep you should bow depends on situations. A casual greeting would be to bend over around 15 degrees to bow. You would bend over around 30 degrees to bow to seniors or superiors. Bending over around 45 degrees is a very polite form of bow, usually done when you need to express thankfulness or apologies or greet or send off elders or superiors. What is important is to say words of greetings first before you bow. A simple nod will work if you come across the same person many times in the same place.

Tip. 상황에 맞게 윗사람에게 공손하게 인사를 해 봅시다.

Bow politely to a senior the right way.

어른과 타인을 공경하는 인사 예절!

Respect for Seniors and Others!

" 타인을 공경하는 마음으로, 처음 보는 사람과 어른을 만나면 자리에서 일어나 인사합니다. **"**

As a way of expressing respect for others, we stand up and greet elders and people we meet first.

한국에서는 어른이나 처음 보는 사람을 만나면 공경하고 존중하는 마음으로, 자리에서 일어나서 인사합니다. 내가 먼저 도착해서 앉아있거나, 식사 도중에도 선배, 상사, 어른과 같은 윗사람 또는 타인이 도착하면 자리에서 일어나 다시 인사하는 예절이 있습니다.

As a way of expressing respect and honor, Koreans stand up and greet elders and people they meet first. If you arrived earlier or even when you are eating at the table, it's etiquette that you stand up and greet when your seniors, superiors, elders, or other people arrive.

Tip. 어른과 처음 보는 타인이 도착하거나 인사하면, 하던 일이 있더라도 일어나 고개 숙여 인사합시다!

When elders or people you first meet turn up or greet you, stop doing what you are at, stand up and nod a greet.

식사하셨어요?
Have You Eaten?

" 한국인은 식사했냐는 인사를 많이 합니다. '안녕하세요.'보다 친근하고 한국적으로 들리는 인사입니다. ,,

Koreans often say 'have you eaten?' as words of greetings. It sounds more friendly and Korean than 'Anyeong Haseyo'.

한국인은 주식은 쌀입니다. 한국인들은 밥을 굉장히 중요하게 생각합니다. 밥이 원동력이 되어 힘을 얻는다고 생각합니다. 실제로 탄수화물은 중요한 영양소입니다!

Rice is Koreans' staple. Koreans take having meals very seriously. They think they are powered by rice. Indeed, carbohydrate is an important nutrient!

Tip. "안녕하세요."라는 인사 대신 "식사하셨나요?"라고 말을 거는 것은 어떨까요?

Try saying hello by saying "Siksa Haseotnayo?" (have you eaten?) rather than "Anyeong Haseyo."

반말보다는 존댓말을 해야 해요!
Don't Talk Down, Speak Politely!

❝서로 말을 놓자고 합의하기 전에는 높임말을 써야 합니다. 보통 높임말은 '~요.' 나 '~입니다.'로 끝납니다.**❞**

Speak politely unless you have agreed with others to talk in the casual way. Normally respect forms and honorific expressions end with 'yo' or 'imnida'.

한국은 유교 문화에서 비롯된 존댓말 문화가 있습니다. 상대방을 존중한다는 마음으로 먼저 존댓말을 사용한다면, 상대방도 진심을 알고 마음을 열어 대해 줄 것입니다.

Koreans often use respect forms coming from Confucian culture. Express respect for others by using respect forms, and they will realize your sincerity and open their heart to you.

....

Tip. 말을 하기 전 하고 싶은 말이 반말인지 존댓말인지 헷갈린다면 일단 "~요." 혹은 "~입니다."로 끝내는 편이 좋습니다. 한국말은 서툴 수 있습니다. 듣는 상대방도 "~요."나 "~합니다."가 문맥에 맞지 않는 높임말이라고 해서 화를 내거나 그러지 않을 것입니다!

If you are unsure whether you are using respect forms or talking in the casual way, you'd better end sentences with a "yo" or "imnida". Your Korean may not be perfect. Others won't get mad even if you use "yo" or "imnida" out of the context.

존댓말!
The Honorifics!

" 한국은 먼 옛날부터 예의를 중요시하는 나라였습니다.
존댓말은 예의를 지킬 수 있는 좋은 방법입니다. "

Koreans value manners from long ago. Using honorific expressions is a good way to practice manners.

예의를 중요시하는 나라 한국은 높은 사람은 물론, 처음 본 사람에게 존댓말로 인사를 하는 것이 중요합니다. 내가 먼저 예의 있게 말하면 상대방도 나에게 예의 있게 대해 줄 것입니다. 윗사람이 먼저 말을 놓자고 제안하기 전까지는 존댓말을 하는 것이 좋습니다.

Koreans value manners. In Korea, you should use respect forms, or honorific expressions when you talk with a senior, a superior, or someone you meet first. Speak politely, and they will also be well-mannered to you. Keep using honorific expressions unless the other person suggest to talk in the casual way.

Tip. 처음 보는 사람과 대화할 때, 말끝에 '~세요.'를 붙여서 말하세요. 상대방도 더 친절하게 대해 줄 것입니다.

When you talk with a person you meet first, end sentences with "seyo." You will find the person speaking more gently and politely.

용모단정!
Keep Yourself Neat and Tidy!

"단장한 용모는 자신뿐 아니라 주변
사람들도 기분 좋게 합니다. **"**

Clean-cut looks make you and people
around you feel good.

단정한 용모와 복장은 본인의 첫인상을 결정하고 타인과의 관계에서 신
뢰감을 형성하기도 합니다. 또한, 한국 사람들은 용모가 단지 외적인 것뿐
만 아니라 내면적인 소양을 표현하는 중요한 수단이라고 생각합니다. 외
출할 때 항상 자신의 용모를 가꾸고 다닌다면 당신을 만나는 사람들은 기
분이 좋아지고 당신에게 호감을 느낄 것입니다.

Clean-cut looks are what determine your first impression and help you
build trust with others. Koreans also think taking care of how they look is
an important way to express their inner qualities. Keep yourself neat and
tidy when you go out, and that will make people who see you feel good
and think well of you.

Tip. 상황에 맞고 자신의 개성을 살린 단정한 용모를 가꾸어 사람들에게 좋은 인상을 주기!
Take care of your looks and show yourself in the right way to make a good impression
on others.

양보와 배려!
Give Way and Act Thoughtfully!

"**어린이나** 임산부 장애인과 어르신 등 사회적 약자에게는 어떤 일이든 먼저 할 수 있도록 양보합시다. "

Give way to the socially weak such as children, pregnant women, people with disabilities, and elderly people

대중교통을 타고 내릴 때나 건물을 들어가고 나갈 때는 물론 그 외에도 일상 생활에서 상대방에게 먼저 양보하고 배려할 수 있어야 합니다.

In your daily life, whether it be getting on and off a public transport, entering a building, or something else, give others priority and act thoughtfully.

Tip. 양보와 배려로 신뢰 쌓기!
길을 가다가 상대가 부딪쳐도 내가 먼저 미안하다고 할 수 있는 배려 있는 마음을 가집시다.
Give way and act thoughtfully to build trust.
Be considerate and generous. Say sorry even if someone bumps into your on street.

공공장소 매너!
Manners in Public Space!

"공공장소에서는 다른 사람들을 배려해서 행동해야 합니다. "

Act thoughtfully for others in public space.

다른 사람들과 함께 이용하는 공공장소에서는 다른 사람들을 배려해야 합니다. 큰 소리로 말하거나 뛰는 것 같이 공공시설 사용을 방해하는 행위를 하면 안 됩니다. 또한, 통화를 하거나 영상 시청과 같이 스마트폰을 사용할 때는 나에게만 들리게 이어폰을 착용해야 합니다.

Public space is shared with others. So act thoughtfully for others. Do not speak aloud, run around, or otherwise interrupt others. When you need to make a phone call or watch a video, be sure to wear earphones.

Tip. 사람이 많은 곳에서는 나의 행동이 다른 사람들에게 어떠한 영향을 미칠 수 있는지 한 번만 생각해보세요!

In crowded places, think twice about how your acts can influence others.

대중교통을 이용할 때
안에 있는 사람이 내리면 타요!
Wait for People to Get off Before You Get on!

"지하철이나 엘리베이터 등에서는 사람이 먼저 내린 후에 타야 합니다. "

In subways or elevators, wait for people
to get off first before you get on.

한국에서 생활할 때는 공공예절을 꼭 지켜야 합니다. 이 중 하나는 지하철이나 엘리베이터 등을 탈 때 사람들이 먼저 내리고 타야 하는 예절이 있습니다. 만약 누가 예의범절을 무시하고 사람이 내리기 전에 탑승을 시도한다면, 금세 혼잡해질 것입니다. 사람들이 내리는 걸 기다려도 타는 것에는 무리가 없으니, 양보하는 자세를 항상 취하며 성급하게 움직이지 않아도 됩니다. 특히 내리는 사람들을 위해 옆으로 비켜주는 자세도 중요합니다.

In Korea, you need to follow the public etiquette. One of the right things to do is to wait for people to get off first before you get on a train or take an elevator. If someone ignores this rule and tries to get on before others get off, it will mean nothing but congestion. You will have enough time to get on after others get off. Always give way and don't be impatient. Also, don't forget to step aside for people getting off.

Tip. 버스는 타는 문과 내리는 문이 나뉘어 있습니다. 탈 때는 앞문으로 탑승해야 하고, 내릴 때는 뒷문으로 하차해야 합니다. 버스에 탈 때 기사님께 "안녕하세요!"라고 인사해 보세요. 기쁘게 받아주실 겁니다!

Buses have separate entry and exit doors. You get on the bus through the front door and get off through the rear door. Say "Anyeong Haseyo!" (Hello!) to the driver. They'll gladly receive the greetings!

노약자, 임산부에게 자리를 양보해요!
Give Seats to the Old, Weak, and Pregnant!

"대중교통 이용 시 노인, 장애인, 임산부에게는 먼저 자리를 양보해야 합니다. **"**

On public transport, give seats to elderly people, people with disabilities, and pregnant women.

한국에서는 노인, 장애인, 임산부가 먼저 자리에 앉을 수 있도록 양보하는 문화가 있습니다. 지하철이나 버스 같은 대중교통을 이용할 때 자리가 많지 않다면, 나보다 몸이 불편한 사람을 위해 자리를 비켜주거나 먼저 앉지 말아야 합니다.

Koreans offer their seats to elderly people, people with disabilities, and pregnant women. On a crowded subway or bus, give up a seat or offer yours to someone in need.

Tip. 다른 사람들이 자리를 양보하지 않을 때, 먼저 자리에서 일어나 양보해 보세요. !

When others are reluctant to offer their seats, be the first to stand up and offer yours.

줄서기!
Stand in Lines!

"대중교통을 이용할 때나 음식점과 영화관 등 공공시설물을 이용할 때는 차례를 지키는 줄서기를 해야 합니다."

Stand in lines when using public facilities such as public transportation, restaurants, and cinemas.

공공시설을 이용할 때는 반드시 차례를 지켜야 합니다. 먼저 온 사람들이 아무리 긴 줄을 서있다 하더라도 중간에 끼어들면 안 됩니다. 맨 뒤에 순서대로 줄을 서서 자기 차례를 지켜야 합니다.

Wait for your turn when using public facilities. Never cut in line however long the queue is. Stand at the end of the queue and wait for your turn.

Tip. 차례를 잘 지키기! 끼어들지 않기!

Wait for your turn. Do not cut in line!

버리지 않기!
Don't Throw It Away!

" 거리나 공원, 집 앞은 물론 지정된 곳 외에는
절대로 쓰레기를 버려서는 안 됩니다. **"**

Never throw away trash on street, in parks, or
even in front of your place.

한국 사람들은 거리나 공원 등 공공시설물을 깨끗이 관리하며
청결하게 살아갑니다. 지정된 휴지통이나 쓰레기통에만 쓰레기를
버려야 하며 유리병과 플라스틱 종이 비닐 등 은 반드시 분리수거
를 해야 하며 특히 음식물 쓰레기는 지정된 곳에 버려야 합니다.

Koreans keep public facilities and streets clean and tidy. Put trash
in trash bins or wastebaskets. Glass bottles, plastics, paper, and
plastic films should be recycled. Put out food waste only in desig-
nated locations.

Tip. 아무 곳에나 쓰레기 버리지 않기! 분리수거 하기!

Do not throw away trash. Recycle waste!

큰 소리로 떠들지 않기!
Don't Speak Too Loud!

> **버스터미널이나** 지하철역 길거리나 공원 동네에서는 큰 소리로 떠들지 말아야 합니다. **"**

Do not speak aloud at a bus terminal or subway station, on street, or in a park.

지하철과 버스 엘리베이터 등 다양한 사람들이 함께하는 공공 공간에서는 큰 소리로 소리치거나 동료끼리 떠들지 않아야 합니다. 음식점에서도 종업원을 큰 소리로 부르지 않고 손을 들거나 작은 목소리로 부릅니다. 한국 사람들은 예의 없는 사람들을 싫어합니다. 특히 한국은 아파트와 주택들이 밀집되어 있어 길거리에서 큰소리를 내면 안 됩니다.

In public space shared with others such as subways, buses, and elevators, do not speak aloud or make much noise with your company. In a restaurant, do not call aloud for staff. Simple raise your hand or lower your voice. Koreans do not like bad-mannered people. In particular, apartment buildings and multi-household buildings are crowded in Korea. So do not speak aloud on street.

Tip. 공공 공간에서 큰 소리로 떠들지 않기!

Do not make much noise in public space!

과격한 행동하지 않기!
Don't Act Violently!

"과격한 행동을 자제해야 합니다!
또한 직장에서도 윗사람이나 동료에게 큰소리를
내거나 과격한 행동을 해서는 안 됩니다. **"**

Don't act violently! Don't raise your voice to a senior or
colleague at work or act violently against them.

지하철과 버스 엘리베이터 등 다양한 사람들이 함께하는 공공 공간에서는 큰 소리로 소리치거나 과격한 행동을 해서는 안 됩니다. 과격한 행동은 상대방에게 위협감을 주게 되므로 사람들이 꺼려하고 심할 경우 경찰과 같은 공권력이 개입될 수 있습니다. 한국은 치안이 잘 유지되고 안전한 나라로 한국인 모두가 노력한 결과입니다. 여러분도 동참해 주셔야 함께할 수 있습니다.

In public space shared with others such as subways, buses, and elevators, do not speak aloud or act violently. Violent acts make others feel threatened, and if worse, the police or other public authority may come in. Korea's reputation as a safe country owes all Koreans' effort. And you're invited to be part of it!

Tip. 단정하고 예의 바르게 행동하기!
Behave and act politely!

물건을 주고받을 때 예절!
Manners When Giving and Receiving Things!

"물건을 주고받는 대상이 어른이거나 잘 모르는 사람일 때는 예의를 지키기 위해 두 손으로 주고받습니다."

When giving or receiving things to or from a person older than you or someone you do not know well, practice good manners by holding the things with two hands.

한국에선 예의를 중요하게 생각합니다. 어른과 물건을 주고받을 때도 한 손이 아닌 두 손으로 주고받아야 합니다. 어른이 아니고 잘 모르는 사람과 주고받을 때나 예의를 지켜야 하는 상황에서도 두 손으로 주고받는 게 좋습니다.

Koreans value manners. When you give something to or receive something from a person older than you, do it with two hands. The same goes for when giving or receiving things to or from someone you do not know well, or where you need to practice good manners.

Tip. 다른 사람에게 물건을 줄 때 두 손으로 드리며 예의를 지켜봅시다!
When you hand things to others, do it with two hands to practice good manners!

약속을 중요시해요!
Value Your Promise!

> **"한국** 사람들은 약속을 중요시 여깁니다.
> 한 번 약속을 했다면 지켜야 합니다. **"**

Koreans value promises. A promise made should be kept.

한국에는 "시간은 금이다"라는 격언도 있습니다. 그만큼 한국인들은 시간 낭비를 싫어합니다. 만약 언제 어디서 만나기로 한 약속을 잡았다면, 시간만큼은 꼭 지켜야 할 것입니다.

A Korean proverb says "time is gold." Koreans do not like wasting time. If you make an appointment to see someone, be there on time.

Tip. 만약 약속에 늦을 것 같다면 먼저 연락을 꼭 해줘야 합니다. 왜 약속 시간에 늦는 건지, 그렇다면 언제 도착할 수 있는지 알려준다면 큰 화를 내지 않을 것입니다.

If it looks like you'd be late, be sure to tell them in advance. Tell them what caused the delay and when you'll be there, and they won't get mad at you.

쓰레기는 쓰레기통에!
Put It in the Bin!

"쓰레기는 길거리가 아닌 쓰레기통에 버려야 합니다. "
Do not litter. Put trash in the bin!

쓰레기는 밖(야외)이나 안(실내)에 있는 쓰레기통에 버려야 합니다. 공공 장소에는 쓰레기를 분리해서 버릴 수 있도록 구분하고 있습니다. 플라스틱류, 캔류, 종이류, 일반쓰레기류 등 재질에 따라 분리해야 나중에 재활용을 할 수 있기 때문입니다. 환경오염의 주범이 되는 많은 쓰레기들을 재활용할 수 있다면 우리 모두에게 좋은 일이니, 가능한 분리하여 버려주세요.

Whether it's indoors or outdoors, put trash in the bin. In public facilities, you'll find separate bins for different types of waste. Separating waste by material, for example plastics, cans, paper, general waste, etc., helps recycle them. Recycling helps avoid environmental pollution and does good to us. Make sure you separate them properly.

Tip. 재활용 쓰레기(플라스틱, 캔, 종이)와 일반 쓰레기를 구분하여 버립니다.
Separate recycleable waste (plastics, cans, paper) from general waste.

식사 예절!
Table Manners!

" 한국에서는 식사를 할 때 여러 가지 예절을 갖추어야 합니다. **"**

There are many different table manners in Korea.

한국에서는 윗사람이 먼저 수저를 들어 식사를 시작한 후 아랫사람이 수저를 듭니다. 음식이 나왔을 때 윗사람보다 먼저 식사를 시작하는 것은 예의에 어긋나는 행동이기 때문입니다. 식사가 나오면 '잘 먹겠습니다.', 식사를 마치고 나면 '잘 먹었습니다.'라고 인사하는 것이 중요합니다. 한국에서는 본인의 식사가 먼저 끝났다고 해서 윗사람보다 먼저 자리에서 일어나지 않습니다. 윗사람과 속도를 맞춰 식사를 하거나, 식사를 모두 마칠 때까지 기다리는 것이 좋습니다.

In Korea, the elder lifts the spoon first, and others can grab their spoon. It goes against etiquette that you start your meal before the elder. It is also important to say "Jal Meokgetsumnida" (thank you for the treat) when you start, and "Jal Meokeotsumnida" (I've enjoyed the meal) when you finish. In Korea, you do not leave the table before the elder even when you already finished your meal. Keep pace with the elder, or wait until every-one has finished the meal.

Tip. 예절을 갖추어 윗사람과 함께 식사를 해 봅시다.
Practice good manners when having a meal with your superiors.

밥 먹을 때는 조용히!
Eat Quietly!

" 한국에서는 안부 인사가 식사와 관련되어 있을 정도로 식사를 중요시 여기기 때문에 이에 대한 예절을 잘 익혀둬야 합니다. **"**

Koreans take meals very seriously. Even their greetings have something do to with meals. So be sure to get familiar with table manners.

한국 사람들은 밥을 먹을 때 마주 보고 앉아 같이 먹는 것이 일반적입니다. 함께 밥을 먹는 것은 서로 좋은 관계를 맺는 것으로 아주 중요한 것입니다. 또한 식사할 때 지켜야 할 여러 예절이 있을 만큼 밥과 관련된 예절을 매우 중요시하기 때문에 미리 익혀두면 좋습니다.

When having meals, Koreans normally sit opposite each other. Having meals together is very important to build good relationships. As Koreans practice many different table manners and take them very seriously, be sure to get familiar with table manners.

Tip. 함께 밥을 먹는 사람들이 불쾌하지 않도록 식당에서는 작게 말하고 음식물이 튈 수 있으니 입에 있는 음식은 다 삼키고 말해야 합니다.

Do not disturb other people at the table by lowering your voice. Do not speak when food is still in your mouth.

화장실 예절!
Restroom Manners!

> **"한국실을 깨끗하게 사용해야 합니다."**
>
> Keep the toilet clean after use.

여러 명이 함께 쓰는 화장실을 갈 때는 한 줄로 서서 차례를 기다려야 하고, 문 앞에 서서 문을 두들기면 안 됩니다. 모두가 기분 좋게 사용할 수 있도록 사용한 뒤 변기의 물은 반드시 내리고 쓰레기를 바르게 버리는 것이 중요합니다.

When using a shared bathroom, line up and wait for your turn. Do not knock on the door. In the interest of everyone, flush the toilet after use and do not litter.

Tip. 화장실을 깨끗하게 사용하고, 문을 뜯는 등 시설을 훼손해선 안 됩니다.

Keep the toilet clean. Do not break the door or damage the facility.

머문 자리도 아름답게!
Don't Leave Your Marks!

> **"아름다운** 사람은 머문 자리도
> 아름답습니다. 라는 말이 있습니다. **"**

Beautiful people leave beautiful traces.

'아름다운 사람은 머문 자리도 아름답습니다.'라는 말이 있습니다. 보통 이 말은 화장실에 붙어 있으며 화장실을 깨끗이 사용해 달라는 의미입니다. 하지만 꼭 화장실뿐만 아니라, 일을 하거나 밥을 먹은 후 등등 내가 있었던 자리를 깨끗하게 정리 정돈하는 것이 중요합니다. 특히 내가 만들어 낸 쓰레기는 내가 직접 버려야 합니다.

People say "beautiful people leave beautiful traces." You would normally see this sign in a bathroom. Actually, it is a request that you keep the toilet clean. But it does not necessarily relate to the toilet. After work, or after meals, it is important to keep everything clean and tidy. Remember that you should clean up rubbish coming from you.

Tip. 내가 앉아있던 자리에서 일어날 때에는 주변을 깨끗하게 치웁시다.

When you leave a place, keep the place clean and tidy.

노크해요!
Knock, knock!

"**안에 있는** 사람에게 들어가도 되는지 또는
안에 사람이 있는지 묻는 신호입니다. **"**

It is a sign to ask someone inside for permission
to enter, or check if there is someone inside.

방문과 화장실 등에 들어갈 때 안에 사람이 있는지, 들어가도 되는지 확
인하기 위해 노크를 합니다. 또 아랫사람이 윗사람의 방에 들어갈 때나 상
사의 사무실에 들어갈 때 노크하고 안에서 들어오라고 허락하면 그때 들
어갑니다. 서로 간의 가장 기본적인 배려이며 지키기 간단한 예절입니다.

When you enter a room or bathroom, knock on the door to see if there is
someone inside, and if they would allow you to come in. When you need
to enter a superior's or manager's office, knock first and open the door af-
ter you get the permission. That's the basic, easy-to-follow manner.

Tip. 주먹으로 가볍게 세 번 '똑똑똑'두드립니다.
Gently knock on the door three times with the back of your hand.

술과 담배!
Alcohol and Cigarettes!

"**기호식품인** 술과 담배는 자유이지만 직장생활에 피해를 줄 수 있는 술을 자제하고 담배는 줄이거나 끊어야 좋습니다. "

You are free to enjoy drinks and cigarettes, but keep yourself from drinking too much so that it won't interfere with your work. Cut down or quit smoking. It's good for you.

한국 사람들은 기분 좋게 술을 마시고 취하더라도 다른 사람들에게 피해를 주지 않도록 조심합니다. 일하는 데 지장을 주지 않도록 술을 자제하고 건강을 해치는 담배는 되도록 끊거나 줄이면 좋습니다. 담배를 피우러 드나드는 행동은 시간을 뺏고 직장에서 좋지 않은 시선을 받기도 합니다. 한국 사람들은 자기 자신의 건강을 위해 금연하는 사람들이 늘고 있습니다.

Koreans consume alcoholic drinks as a feel-good way. They may be drunk, but they always keep themselves from disturbing others. They control themselves on drinks so that it won't interfere with work. It's good for you to cut down or quit smoking, as smoking is harmful. Coming back and forth from your office to smoke is time-consuming, and others may threw an unpleasant look at you. Many Koreans quitted smoking for their health.

Tip. 술과 담배를 줄이거나 끊기!
Cut down or quit smoking and drinking!

술자리 예절!
Drinking Etiquette!

> **한국인들은** 술자리에서 상대와의
> 예의를 매우 중요시 여깁니다. **"**

**Koreans take it very seriously to
practice good manners when drinking.**

한국인들은 다 함께 술을 마시는 것을 좋아합니다. 하지만 그만큼 상대에게 예의 있게 행동하는 것도 중요합니다. 한국에서는 아랫사람이 윗사람에게 먼저 자신의 잔을 건네는 것이 예의입니다. 아랫사람은 왼손 손바닥으로 오른손 손목을 가볍게 받친 후, 오른손으로 술잔을 건넵니다. 윗사람 앞에서 술을 마실 때에는 고개를 살짝 돌려 술을 마셔야 합니다.

Koreans love drinking together. But it is also important to practice good manners. In Korea, a younger person would offer a drink to an older person. The younger hold up the right wrist with the left hand and offer the glass holding with the right hand. When you drink in front of older people or superiors, slightly turn your head from them.

Tip. 예절을 갖추어 다른 사람과 함께 즐겁게 술자리를 가져 봅시다.

Practice good manners when you drink with others.

담배는 어디서 피울까요?
Where Can I Smoke?

" 흡연구역이 아닌 곳에서 담배를 피우면 안 됩니다. "

Do not smoke outside smoking areas.

음식점 공중화장실, 카페, 버스정류장 등 사람이 많은 공공장소
는 담배를 피울 수 없도록 정해져 있습니다. 그래서 건물마다 따로
흡연 장소가 마련되어 있습니다. 정해진 곳 이외의 곳, 특히 금연
표시가 붙은 곳에서 담배를 피우면 벌금을 낼 수 있으니 잘 확인
해야 합니다.

It's the law that you cannot smoke in public space such as restaurants, public bathrooms, cafes, and bus stops. In each building, there are spaces specifically designated as smoking areas. You may end up paying a fine if you smoke outside smoking areas, in particular areas with non-smoking signs.

Tip. 가장 좋은 방법은 담배를 피우지 않는 것입니다.

The best thing you can do is not to smoke.

에필로그
EPILOGUE

여러분은 무한한 능력을 가지고 있습니다!
You have infinite potential!

한국 속담에 굼벵이도 구르는 재주가 있다는 말이 있습니다. 이것은 사람들은 누구에게나 특성화된 자기만의 소질과 장기가 있다는 것을 말하는 것입니다.
A Korean proverb says "even cicada larva have the ability to roll" (every man for his own trade). Everyone has their own qualities and talent.

여러분도 무한한 능력을 가지고 있습니다.
여러분 자신의 능력을 믿으십시오!
You, too, have infinite potential!
You should believe in yourself!

나를 믿는다!
나는 할 수 있다!
성공해서 돌아갈 것이다!
I believe in me!
I can do it!
I will return home successful!

자기를 믿고 꿈과 이상을 향해 나아가기 바랍니다!
Believe in yourself, and keep moving forward to achieve your dreams.

한국에서 생활하는 동안 자신의 말과 행동은 본인은 물론 자국을 한국 사회에 깊게 인식시키게 됩니다.
여러분 자신을 좋은 인상으로 인식시키는 것 그것이 애국이며 여러분 자국의 후배들과 후손들에게 물려 줄 수 있는 무형의 유산이 될 것입니다.

While living in Korea, what you do and what do speak determine how others will see you, and how others will see your country. It is love for your country that you leave a good impression on yourself. That will be an intangible legacy you can give young people and generations to come in your country.

여러분은 개인이 아니라 자국의 나라를 대표하는 국가대표임을 늘 기억하시기 바랍니다.

Remember that you do not work just as yourself.
You represent your country here.

여러분의 꿈을 꼭 이루시기 바랍니다!
I hope your dream will come true!

감사합니다.
Thank you.

2022년 여름
서경대학교 글로벌 인재교육원장 정희정
Summer 2022
Jeong Hee Jeong
Director, Seokyeong University
Global Education Center

어서 와! 한국은 이런 곳이야!
Welcome! Let Me Show You the Korean Way!

집필진	EDITORIAL TEAM
김지현 서경대학교	Kim Ji-hyeon, Seokyeong University
류승희 서경대학교	Ryu Seung-hee, Seokyeong University
백가은 서경대학교	Baek Ga-eun, Seokyeong University
신혜지 서경대학교	Shin Hye-ji, Seokyeong University
안정은 서경대학교	Ahn Jung-eun, Seokyeong University
유지원 서경대학교	Yoo Ji-won, Seokyeong University
윤유로 서경대학교	Yoon Yu-ro, Seokyeong University
이준재 서경대학교	Lee Jun-jae, Seokyeong University
이지영 서경대학교	Lee Ji-young, Seokyeong University
조윤진 서경대학교	Cho Yoon-jin, Seokyeong University
임찬호 서경대학교 대학원	Lim Chan-ho, Seokyeong University Graduate School
방지희 서경대학교 대학원	Bang Ji-hee, Seokyeong University Graduate School
정희정교수 서경대학교	Prof. Jeong Hee Jeong, Seokyeong University

검토진

변희진교수 신한대학교
조숙경교수 서경대학교
김향란교수 서경대학교
김현석교수 서경대학교
이소윤교수 제주관광대학교
이진교수 경인여자대학교
정희정교수 서경대학교

REVIEWERS

Prof. Beon Hee Jean, Shinhan University
Prof. Cho Suk-kyeong, Seokyeong University
Prof. Kim Hyang-ran, Seokyeong University
Prof. Kim Hyun-seok, Seokyeong University
Prof. Lee So-yoon, Jeju Tourism University
Prof. Lee Jin, Kyung-in Women's University
Prof. Jeong Hee Jeong, Seokyeong University

일러스트

홍승범

ILLUSTRATION

Hong Seung-beom

캘리그라피

강대연

CALLIGRAPHY

Kang Tae-yeon

일러스트 컬러링

왕지수
정가람솔

ILLUSTRATION COLORING

Wang Jisu
Jeong Garamsol – Earn Design Lab

표지디자인

임찬호 홍승범 정가람솔

COVER DESIGN

Lim Chan-ho, Hong Seung-beom, Jeong Garamsol

영문번역

[주]그린서비스

ENGLISH TRANSLATION

Green Service

편집디자인

감커뮤니티
공공디자인저널 편집부

EDITORIAL DESIGN

Gamcommunity
Public Design Journal Editorial Team

총괄[감수]

정희정교수 서경대학교

EDITORIAL SUPERVISION

Prof. Jeong Hee Jeong, Seokyeong University

어서 와!
한국은
이런곳이야!

Welcome!
Let Me Show You the Korean Way!

어서 와! 한국은 이런 곳이야!
Welcome! Let Me Show You the Korean Way!

2022년 9월 20일 1판 1쇄 인쇄
2022년 9월 30일 1판 1쇄 발행
First edition, first impressed on September 20 2022
First edition, first published on September 30 2022

발행인 정희정
발행처 서경대학교 글로벌인재교육원
　　　　[주]케이에듀플랫폼
　　　　[주]케이에듀워커스
편집디자인 [주]감커뮤니티, 공공디자인저널편집부
표지디자인 임찬호 홍승범 정가람솔
일러스트 홍승범
캘리그라피 강대연
영문번역 [주]그린서비스
펴낸곳 도서출판 미세움
주 소 07315 서울시 영등포구 도신로 51길4
전 화 02-844-0855 팩 스 02-703-7508
등 록 제313-2007-000133호

Editor in Chief Jeong Hee Jeong
Publishers Seokyeong University Global Education Center
K-Edu Platform
K-Edu Workers
Cover Design Lim Chan-ho, Hong Seung-beom, Jeong Garamsol
Illustration Hong Seung-beom
Calligraphy Kang Tae-yeon
English Translation Green Service
Printed by Misewoom Publishing House
Address 4 Doshinro 51-gil,
Yeongdeungpo-gu, Seoul 07315 Korea.
Tel. +82-2-844-0855 Fax. +82-2-703-7508
Registration No. 313-2007-000133

ISBN 979-11-88602-55-1

정가 18,000원
RRP KRW 18,000

정희정 Jeong, Hee-Jeong

서경대학교 글로벌인재교육원 원장과 일반대학원 공공디자인·행정학과 주임교수 및 학과장으로 디자인학박사이다. (사)한국공공디자인학회 부회장 등 여러 디자인 단체의 임원을 거쳐 지금은 대한민국 최초 유일의 공공디자인 전문매체인 월간 PUBLIC DESIGN JOURNAL WEBZINE의 편집인으로 활동하며 도시계획 건축 공공 경관 관광 도시재생 역사 문화 예술 등 다양한 분야와 융복합되는 공공디자인에 기여하고 있다. 중앙정부와 지방정부의 디자인 자문위원으로 건축과 공공디자인 경관등의 기술자문 및 심의 평가와 특히 도시와 마을의 지역개발의 총괄계획가로 활동하고 있다. 이 밖에 해외 디자인 기행과 사진촬영도 중요한 활동 중 일부분으로 그동안 세계 57개국 약300여 도시를 방문하며 유명건축가의 건축물은 물론 주민들의 참여로 이루어진 소소한 디자인도 섬세하고 따뜻한 시각으로 재해석하며 렌즈에 담고 있다. 저서로 『참여하는 사진전』『채워져서 아름다운 감성공간 상하이 타이캉루 티엔즈팡』『디자인이란? 도시디자인이 무엇입니까』『나오시마 디자인여행』『공공디자인강좌』『창조도시 요코하마』 『문화콘텐츠디자인』『문화콘텐츠와 도시디자인』『정희정 교수의 공공디자인 세계기행』『세계의 도시와 마을 그리고 사람들』등이 있으며 『공공디자인 평가척도어 추출에 관한 연구』『국가 옥외광고물 표준 가이드라인 수립의 당위성에 관한연구』 『가로환경에서의 정보게시판[현수막게시대]의 개선 필요성에 관한 연구』등의 논문이 있다.

yesdesign@hanmail.net
publicdesign@skuniv.ac.kr
http://blog.naver.com/museumsu1

Jeong Hee-Jeong is the Director of the Global Education Center and the Head of the Public Design and Administration Department of the Graduate School at Seokyeong University. Holding a Ph.D. degree in design, Prof. Jeong served as an executive member of many different design associations, including the Vice-President of the Korean Society of Public Design. Currently he is the editor of the monthly Public Design Journal Webzine, the first and only journal specializing in public design in Korea, contributing to public design in convergence with various disciplines such as urban planning, architecture, landscape, tourism, urban regeneration, history, culture, and art. Prof. Jeong also advises central and local governments on design, serving as an expert consultant and reviewer for architecture, pubic design, and landscape, in particular, general planning for urban and community development. Travelling around the world to discover the multifacets of design and take photographs has always been one of his key interest areas. Prof. Jeong has travelled about 300 cities in 57 countries to capture architectural masterpieces created by renowned architects and easy-to-overlook day-to-day design elements made by locals and present reinterpretations of them with his sharp insights and warmheartedness. He wrote many books including Participatory Photo Exhibition, Shanghai Tianzifang – Beautiful Space Filled with Emotions, Design? What Is Urban Design? Naoshima Design Trip, Public Design Lectures, Creative City Yokohama, Cultural Content Design, Cultural Content and Urban Design, Prof. Jeong's World Public Design Trip, and Cities, Villages, and People. His research highlights include Extraction of Evaluation Criterion Descriptions for Public Designs, A Study on the Appropriateness of the Establishment of a National Standard Guideline for Outdoor Advertisements, A Study on the Necessity for the Improvement of Information Notice Boards (Banner Posts) in Street Environments, and many more.